RÉPONSE

A QUELQUES OBJECTIONS

FAITES A LA

MÉTHODE DE L'ÉMOUSSEMENT

DE LA POINTE DES DENTS DES CHIENS

COMME MOYEN PRÉVENTIF DE L'INOCULATION DU VIRUS RABIQUE

LETTRE A M. X***

RÉPONSE AUX DERNIÈRES OBJECTIONS

FORMULÉES CONTRE LA

MÉTHODE DE L'ÉMOUSSEMENT

Par M. J. BOURREL

VÉTÉRINAIRE A PARIS, MEMBRE DU CONSEIL D'HYGIÈNE DU 11ᵉ ARRONDISSEMENT
ET DU CONSEIL DE LA SOCIÉTÉ PROTECTRICE DES ANIMAUX, ETC.

PARIS

TYPOGRAPHIE DE Vᵉ RENOU, MAULDE ET COCK
144, RUE DE RIVOLI, 144

1876

RÉPONSE

A QUELQUES OBJECTIONS

FAITES A LA

MÉTHODE DE L'ÉMOUSSEMENT

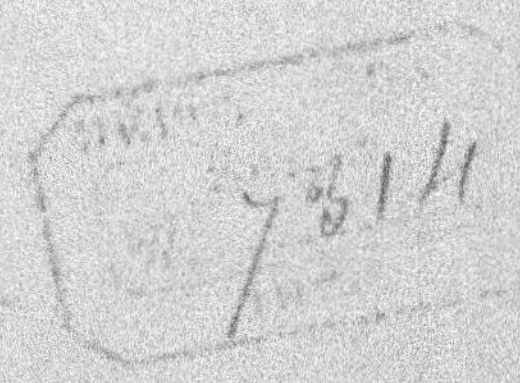

RÉPONSE

A QUELQUES OBJECTIONS

FAITES A LA

MÉTHODE DE L'ÉMOUSSEMENT

DE LA POINTE DES DENTS DES CHIENS

COMME MOYEN PRÉVENTIF DE L'INOCULATION DU VIRUS RABIQUE

LETTRE A M. X***

RÉPONSE AUX DERNIÈRES OBJECTIONS

FORMULÉES CONTRE LA

MÉTHODE DE L'ÉMOUSSEMENT

Par M. J. BOURREL

VÉTÉRINAIRE A PARIS, MEMBRE DU CONSEIL D'HYGIÈNE DU 11ᵉ ARRONDISSEMENT
ET DU CONSEIL DE LA SOCIÉTÉ PROTECTRICE DES ANIMAUX, ETC.

PARIS

TYPOGRAPHIE DE Vᵉ RENOU, MAULDE, ET COCK

144, RUE DE RIVOLI, 144

1876

RÉPONSE

A QUELQUES OBJECTIONS

FAITES A LA

MÉTHODE DE L'ÉMOUSSEMENT

Si, dans la discussion de la rage qui a eu lieu à la Société vétérinaire en 1874, mes adversaires s'étaient contentés de m'attaquer personnellement, je n'aurais pas pris la peine d'écrire ces lignes. Il y a des allégations malveillantes auxquelles il est fastidieux de répondre, et ceux qui me connaissent savent si j'ai quelquefois agi de façon à autoriser qui que ce soit, même dans l'ardeur d'un débat passionné, à douter de ma bonne foi.

Il semble que dans une question aussi grave, au point de vue scientifique et au point de vue humanitaire, que celle de la rage, toute personnalité eût dû s'effacer. Il n'en a pas été ainsi, et, comme en mettant en jeu les personnalités, on a légèrement obscurci la vérité, je crois de mon devoir de continuer la lutte que j'ai entreprise.

De même que le mouvement se prouve en marchant, j'ai provoqué la formation d'une Commission vétérinaire pour suivre les expériences que je continue à faire dans mon établissement au sujet de ma méthode. Les praticiens honorables et compétents qui la composent seront arbitres entre moi et mes adversaires.

Je n'ai pas, aujourd'hui, à parler de ces expériences, puisque le résultat ne m'en est pas encore connu, j'ai, seulement, dans l'intérêt historique des phases que parcourt l'étude de la rage, à relever quelques erreurs de faits et des interprétations erronées données de certains passages de mon *Traité complet de la rage chez le chien et chez le chat*. Je m'efforcerai, ce faisant, d'élever la question à un point de vue humanitaire et scientifique devant lequel se tairont, je l'espère, toutes les passions individuelles.

Je laisse de côté les plaisanteries faites sur le titre de mon livre et sur celui que je me suis cru en droit d'associer à mon nom, pour arriver immédiatement aux questions sérieuses.

— Je ne m'explique pas, je l'avoue, que M. Leblanc me pose aujourd'hui la question : D'où vient le premier chien enragé? Dans mon *Traité complet de la rage chez le chien et chez le chat*, à la page 19, et principalement page 33, lignes 27 et suivantes, j'avais eu bien soin d'étudier longuement cette question, qu'il qualifie d'*indiscrète*, et dont la réponse à trouver, pense-t-il, doit m'embarrasser énormément!

Je regrette que mon honorable adversaire n'ait pas lu attentivement mon *Traité* avant d'essayer de le réfuter. Au lieu de me faire cette question aujourd'hui, il m'eût, sans aucun doute, apporté la réponse à deux questions, bien autrement indiscrètes, pour me servir de son expression, que je posais aux partisans de la rage spontanée, à cette même page 33, et que je répète ici dans l'espérance qu'on satisfera enfin ma curiosité :

« D'où vient, écrivais-je, le premier syphilitique? Y a-t-il jamais eu de syphilis spontanée? » Si mon confrère répond à ces questions, qui ont la priorité sur la sienne, je répondrai à cette dernière. Jusque-là, je considérerai l'argument du premier chien enragé comme entièrement incapable de prouver la rage spontanée.

— M. Leblanc écrit : « Comme j'ai la prétention d'être de bonne foi, j'ai spontanément accepté que tout cas douteux devait être rangé dans les cas de contagion; il est juste que mes adversaires déclarés ou voilés (?) veuillent bien me faire quelques concessions, sinon à mon tour je leur dirai : Voici 100 chiens enragés, trouvez-moi la source du mal.... vous la trouverez peut-être une fois sur dix. »

La bonne foi de M. Leblanc n'a jamais été mise en doute par moi; je ne suis pas comme certains de mes adversaires, et, à moins de sérieuses raisons, je ne suspecte la bonne foi de personne. Ensuite, est-ce sérieusement que l'on peut demander à des gens qui discutent une question purement scientifique de se faire mutuellement des concessions? La vérité est une, et dès qu'on ne la dit pas tout entière, elle cesse d'être la vérité. Puis, l'argument de mon confrère, qui, au premier abord, paraît spécieux, n'a pas de valeur en réalité; il a cela de commun avec celui qui a été cité plus haut.

En effet, il ne s'agit nullement, dans l'espèce, de trouver l'acheminement de tous les cas de rage par contagion; les propriétaires de chiens, par leurs renseignements très-souvent erronés, quelquefois intentionnellement faux, contribuent à rendre impossible un pareil travail. Aussi M. Leblanc dit-il avec raison que nous ne fournirons la preuve que la rage a été communiquée qu'une fois sur dix. Mais là n'est pas la question.

Le jour où les causes désignées par divers auteurs comme produisant la rage spontanée auront été reconnues nulles de tout point, il en découlera que la rage spontanée n'existe pas; la preuve de la rage comme résultat constant de la contagion sera ainsi faite. Contrairement à celle qui précède, cette preuve peut s'établir ou affirmativement, ou négativement; c'est à l'expérimentation seule qu'il appartient de décider dans quel sens.

— Pour mon honorable critique, la cause de la spontanéité est surtout dans l'empêchement apporté à la satisfaction des désirs génésiques, et les expériences de Toffoli lui suffisent à s'en persuader.

« Les gens à doctrine ne peuvent être convaincus, » dit dédaigneusement M. Leblanc de ceux qui ne partagent pas son opinion. Je trouve, moi, que c'est lui qui est le doctrinaire, puisqu'il se refuse à l'expérimentation, telle qu'elle doit être faite pour une démonstration rigoureuse. Ainsi on trouvera dans celles de mes statistiques (pages 70 et 74) que des chiens âgés de deux ou trois mois ont été atteints de la rage, cette maladie leur ayant été communiquée, soit par leur mère, soit par un chien venu de l'extérieur.

Qui peut prouver que parmi les chiens qui ont servi aux expériences de Toffoli, il ne s'en est pas rencontré qui se trouvaient dans ce cas, mais que, chez eux, l'incubation a été de longue durée ? Rien ne démontre que lorsque ces animaux sont entrés en rage, sous l'influence des désirs génésiques, ces derniers n'aient été que la cause occasionnelle et pas du tout la cause déterminante. Nous ne sommes, aujourd'hui, nullement fixés sur la durée maximum de l'incubation du virus rabique. On vient encore dernièrement d'en constater un cas chez l'homme où elle paraît avoir duré trente mois. Aussi, pour éviter toute cause d'erreur, est-il nécessaire, indispensable même, que l'on fasse naître des mâles et des femelles qui, dès leur naissance, devront être privés de toute communication, même accidentelle, avec le dehors (1). Alors, seulement, l'expérience sera sérieuse, et, si, lorsqu'ils seront devenus adultes, des cas de rage se manifestent parmi eux, à la suite de la séparation des sexes, la théorie acceptée de M. Leblanc sera la bonne et, tous, nous nous y rallierons ; mais, jusqu'à ce moment, je mettrai en pratique le sage précepte : « Dans le doute abstiens-toi. »

M. Leblanc ne peut pas comprendre que je trouve insuffisantes les expériences de Toffoli ; j'en suis fâché, mais moi je ne puis pas comprendre qu'il les trouve suffisantes.

Du reste, mon honorable adversaire ne pêche pas par un excès de logique dans la question de la spontanéité ; un peu plus loin que le pas-

---

(1) M. Leblanc me demande si je ne fais pas une exception en faveur de la mère nécessaire à l'allaitement des petits ; ce serait lui faire injure que de répondre à cette question ; mais j'en profite pour dire que l'on devra observer les mères dont seront venus les sujets d'expérience, attendu que si elles mouraient de la rage, il serait évident que leurs produits ne pourraient donner lieu à des observations concluantes.

sage que je viens de citer, il dit qu'il sait que la preuve scientifique n'est pas suffisamment faite. Voilà une preuve qui est faite et qui n'est pas faite; qui est suffisante et qui n'est pas suffisante; il faudrait s'entendre cependant; je crois être plus intelligible en disant qu'elle est à faire.

— M. Leblanc trouve que les statistiques que j'ai données pêchent par la base et il s'empresse de me reprocher une erreur que je n'ai pas commise. Le rapport des mâles aux femelles a été établi par moi dans l'opuscule que j'ai publié en 1867, alors que n'avait pas encore été publié le travail de M. Leblanc. Il trouvera d'ailleurs le complément, dont il dit que je manque, page 876 du *Traité de police sanitaire* de M. Reynal, qui y a cité tout au long mes statistiques; enfin dans mon *Traité complet de la rage chez le chien et chez le chat*, au chapitre des Considérations générales sur la propagation de la rage, page 76, je dis que sur 18,531 chiens, sains ou malades, entrés dans mon chenil, j'ai constaté la proportion de une chienne contre trois chiens : M. Leblanc n'a pas lu cela.

— Les fontainiers de Florence ne pouvant se rendre compte de la façon dont se produisait l'ascension de l'eau dans leur pompe, en demandèrent l'explication au fameux physicien Torricelli. — C'est parce que la nature a horreur du vide que l'eau monte, répondit-il.

M. Leblanc a copié Torricelli. Trouvant, comme moi, six cas de rage sur le chien, quand il n'y en a qu'un sur la chienne, et ne pouvant se rendre compte de cet écart, il a imaginé d'en conclure à une cause qu'il croit indiscutable : c'est la non-spontanéité chez la femelle. Pourquoi chez la femelle et non chez le mâle? Sans doute, une immunité organique. Le procédé est ingénieux et fait honneur à l'imagination de mon confrère, mais je me demande si ces moyens-là rendent de bien grands services à la science. Par exemple, son esprit inventif trouve discutable une statistique relevée dans la rue et d'après laquelle il résulte que si l'on ne trouve ordinairement sur le pavé de Paris qu'une seule femelle alors qu'on y rencontre quatre mâles et une fraction, il doit résulter que l'on aura la même proportion à signaler dans es cas de rage communiquée. J'ai fait en outre observer que le chien mord de préférence les chiens que les chiennes; que la timidité de celles-ci les porte souvent à éviter des coups de dent auxquels les mâles s'exposent hardiment, on en a la preuve dans la proportion que j'ai établie dans ma statistique par races; parmi les femelles, la terrière, qui est d'un caractère beaucoup plus agressif que toutes les autres races de chiennes, y figure pour le chiffre le plus élevé. Bref, il arrive que l'on conçoit alors parfaitement que, vu ces conditions, l'on compte six cas de rage sur le chien tandis qu'on n'en relève qu'un sur la chienne. Explication beaucoup moins ingénieuse que celle de M. Leblanc, mais beaucoup plus naturelle, et beaucoup plus vraie, ajouterai-je, jusqu'à preuve du contraire.

M. Leblanc ne s'explique pas comment j'ai pu faire un relevé exact des mâles et des femelles que je rencontrais dans les rues de Paris. Je vais lui enseigner la manière de s'y prendre, afin qu'il puisse, lui aussi, établir une statistique de ce genre s'il le désire. Ce ne serait, du reste, pas la première fois que mes statistiques auraient pu lui servir de modèle pour faire les siennes.

M. Leblanc va ordinairement en voiture, il faudra qu'il aille à pied; une statistique dans la rue doit être faite sur le pavé. Puis, il n'est pas du tout nécessaire, comme il le croit, de courir après chaque chien pour lui demander son sexe, et, d'ailleurs, mon confrère ignore donc que la plupart des chiens ne se laissent pas approcher des gens qu'ils ne connaissent pas? En outre, si j'avais l'honneur d'être connu personnellement de M. Leblanc, il saurait que, vu mon embonpoint et mes petites jambes, je ne puis me mouvoir que lentement; par conséquent, ces courses au clocher qu'il croit nécessaires m'étaient interdites.

Il faut, tout simplement, marcher lentement, en regardant attentivement devant soi. Inutile de mettre le nez où, dans l'exercice de son art, M. Leblanc a quelquefois mis le doigt; il suffit de diriger le rayon visuel au milieu du flanc. Si l'animal est mâle, le regard perçoit quelque chose au-dessous du ventre, autrement il tombe dans le vide. Au reste, le matin, de bonne heure, les chiens sont arrêtés sur les tas d'ordures, et, en y fouillant, ils se présentent sous toutes les faces ; rien n'est alors plus facile de distinguer à quel sexe ils appartiennent.

— En poursuivant la lecture du long travail de M. Leblanc, j'y trouve ceci : « Le *Traité de la rage* me paraît incomplet au point de « vue de l'incubation ; sur 1142 cas de rage, il ne donne que huit ob- « servations et encore par ouï-dire, établissant que la durée a été une « fois de quinze mois, deux fois de onze mois. » Suit l'accusation de n'être pas difficile en matière scientifique lorsqu'il s'agit de moi.

D'abord, ce n'est pas 1142 cas de rage que j'ai observés, mais bien 1219, comme je le répète dans mon livre en beaucoup d'endroits. En-suite, j'ai bien cité seulement huit cas, mais, à la suite des cinq pre-miers, j'ai écrit : « Aux faits qui précèdent et qui ne sont que des ouï-« dire, j'ajouterai ceux qui suivent et que j'ai observés moi-même. » Suivent les trois autres cas, qui varient de quinze à cent quatre-vingt-dix-sept jours.

Je regrette que mon honorable confrère n'ait pas lu plus attentive-ment mon ouvrage, attendu qu'il se serait ainsi évité toute la peine qu'il ressentira, j'en suis sûr, quand il verra qu'il m'a fait souvent dire le contraire de ce que j'avais dit ; et, qu'en effet, je ne pouvais baser aucune assertion sérieuse sur les cinq premiers cas qui n'avaient pas été constatés par un homme de l'art. Si j'eusse voulu citer des périodes d'incubation énoncées par des propriétaires, j'en aurais eu des cen-taines, mais j'aurais alors mérité l'accusation de M. Leblanc de n'être pas difficile pour moi-même, de n'être difficile que pour les autres. En matière scientifique, comme en toute autre chose, je n'ai qu'un poids et qu'une mesure, et parmi des quantités de faits, je n'ai voulu considé-rer comme certains que ceux dont j'étais sûr, les ayant observés moi-même.

Comme la connaissance exacte de la durée de la période maximum d'incubation éclairera bien des questions, aujourd'hui douteuses dans l'étude de la rage, je me serais fait un cas de conscience de traiter cette question avec légèreté ; j'aimais bien mieux imiter la prudence de M. Leblanc, qui n'admet que sous toutes réserves un cas d'incubation de trois cent soixante-quatre jours, insuffisamment constaté par lui.

— « Il faudrait ne pas altérer la vérité, dit M. Leblanc, pour trou-
« ver plus facilement des arguments. Page 13 de mon Mémoire, j'ai
« écrit : « La spontanéité n'est que l'exception » ; et plus haut : « Dès
« qu'il y a doute, la contagion doit être regardée comme la cause, et
« c'est la règle. » Cela veut-il dire, en bon français, que je regarde la
« rage spontanée comme fréquente et la façon de discuter de mes
« contradicteurs peut-elle être regardée comme loyale ? »

Je ne relèverai pas l'idée de déloyauté insinuée dans ces lignes ; de pareils mots ne devraient jamais être prononcés par des gens qui cherchent la vérité scientifique, attendu qu'ils font toujours beaucoup de tort à celui qui les prononce.

M. Leblanc, dans le *Recueil de médecine vétérinaire* du mois de juin, page 104, dit qu'il est évident que sur 100 cas de rage, 98 ont été communiqués, 2 sont spontanés. C'est donc 20 cas de rage spontanée pour 1000.

M. Bouley croit à la spontanéité de 1 sur 1000.

Renault, dans toute sa brillante carrière, constate trois cas de rage spontanée, dont deux lui ont même paru douteux.

En ce qui me concerne personnellement, sur plus de 20,000 chiens que j'ai observés, jamais je n'ai pu constater un seul cas de rage spontanée, même douteux.

Ce sont ces observations qui m'ont amené à conclure que M. Leblanc était, peut-être à son insu, partisan de la spontanéité, non pas du tout par exception, comme il veut bien le dire ; et je crois que tout lecteur aurait tiré la même conclusion de ces écrits, sans pour cela mériter d'être taxé de déloyauté. Que mon adversaire le sache bien, je ne fais jamais dire aux gens ce qu'ils ne disent pas et j'ai assez à faire de réfuter les assertions erronées de mes contradicteurs, sans avoir besoin de leur en prêter.

— M. Leblanc dit que, pour avoir le faible mérite de réfuter des opinions absurdes, je les lui prête; parce que je dis qu'il a écrit que la spontanéité était fréquente.

Je demande pardon à mon confrère s'il a changé d'opinion, et, si, aujourd'hui, il trouve absurde l'opinion qu'il avait autrefois; mais voici les propres termes dont il se servait dans les *Documents pour servir à l'histoire de la rage* (page 11, ligne 12), opuscule publié par lui en 1873 :

« La spontanéité de la rage s'observe presque uniquement chez les
« chiens tenus en charte privée et qui ont un tempérament ardent. La
« race n'a guère d'influence, et, si elle a été *plus spécialement constatée*
« chez les petits chiens d'appartement, cela tient à la séquestration de
« ces animaux qui ne sortent qu'en laisse et qu'on prive du coït. Cer-
« tains d'entre eux sont soumis à des excitations peu admissibles.....
« On peut dire que ces petits animaux sont presque toujours en érec-
« tion et se grattent, soit contre les meubles, soit contre les jambes
« en exécutant des mouvements, preuve non douteuse de leurs désirs;
« s'ils rencontrent un animal de leur espèce, le sexe leur importe peu,
« et on les voit en proie à un véritable satyriasis *qui finit par l'appa-*
« *rition de la rage.* Les autres races de chiens, telles que le *chien de*
« *chasse*, constamment surveillé par son maître, ou le *chien de garde*
« maintenu nuit et jour à l'attache, *ne sont pas moins aptes à contracter*
« *la rage spontanée.* »

Il me semble que pour tout homme intelligent il doit résulter de la lecture de ces lignes que la séquestration produit la rage et que, de plus, M. Leblanc admet pas mal souvent la rage spontanée, puisque pour lui les chiens de chasse, de garde et d'appartement, c'est-à-dire la plus grande partie des chiens, sont aptes à devenir spontanément enragés. Je le répète, je ne suis pas homme à faire dire à M. Leblanc ce qu'il ne dit pas, mais je suis heureux de voir qu'il se rallie à moi aujourd'hui quand je dis que croire à la spontanéité de la rage fréquente, c'est croire à une absurdité. L'homme est sujet à erreur; s'il est permis de se tromper, il est toujours noble de se rallier à une vérité lorsqu'on vient à la reconnaître.

— « Je ne puis résister au désir de demander aux partisans de la « non-spontanéité en quoi la raison humaine s'oppose à la production « d'une maladie par la non-satisfaction des désirs vénériens. . . . . . « M. Bourrel a d'une manière inconsidérée rapporté. . . . . . . des « exemples d'exaltations génésiques non suivies de rage, et M. Bouley « a fait très-judicieusement observer qu'ils sont contraires à la doc- « trine que professe notre honorable confrère. »

A cela je réponds : En invoquant la raison humaine, j'ai voulu exprimer que je n'ignore pas que les sciences physiques sont pour nous, chaque jour, l'occasion de nouvelles découvertes; mais si je considère que depuis que l'on possède la notion du virus rabique, il n'a subi aucune modification, il m'est difficile d'admettre comme générateur de celui-ci les causes indiquées par quelques-uns de mes collègues, telles que la privation du coït, etc.

Les onze exemples d'excitations génésiques décrits à la page 26 de mon Traité et que le savant M. Bouley considère comme des cas de rage ébauchée, ne sont pas le moins du monde contraires à ma doctrine, par la raison bien simple que je n'ai pas de doctrine. Je cherche, je demande une preuve que ces faits ne m'apportent pas. Ces faits n'ont pas à mon sens la signification qu'on veut leur donner, d'autant plus qu'à la page 29 j'en cite d'autres qui me paraissent l'avoir, et, à ce sujet, je rappelle l'opinion du savant docteur Jules Guérin. Ce que dit le savant académicien, M. Bouley, peut être vrai; mais je ferai observer que si, chez le chien, toute surexcitation nerveuse est une ébauche de rage, la guérison de cette maladie est très-fréquente.

— M. Leblanc cite des cas épizootiques de rage qui auraient existé dans certaines contrées. Ces observations n'ont pas grande valeur.

parce que l'on ignore le nombre total de la population canine dans ces pays comparé à celui des chiens atteints de rage, et il est impossible, par conséquent, de se faire une opinion juste, soit dans le sens de la spontanéité, soit dans celui de la contagion.

— Mon honorable contradicteur pense que les herbivores peuvent faire des plaies avec leurs dents à couronnes plates, et qu'on n'a, pour s'en convaincre, qu'à voir le bras ou la main d'hommes mordus par des chevaux méchants. Donc, conclut-il, l'idée première servant de base au système de l'émoussement n'est pas fondée.

Pourquoi faut-il que M. Leblanc critique un ouvrage qu'il n'a pas lu? J'ai dit, page 103, quelle avait été l'idée première de mon système. A l'époque où je la conçus, je n'avais pas encore étudié ce qui se passait relativement à la transmission de la rage chez les herbivores. J'appris qu'il existait à l'Académie des sciences un Mémoire du savant Huzard, indiquant que les herbivores ayant les dents plates produisaient difficilement l'inoculation du virus rabique.

Le savant M. Bouley a également écrit que, par suite de cette conformation, les herbivores ne constituaient pas un danger pour la société.

Je ne nie nullement les faits d'inoculation observés par M. Tardieu et M. Boussingault.

Mais il résulte de ces considérations que, si l'on a constaté la possibilité pour les herbivores de communiquer la rage à d'autres animaux, on n'a jamais observé un seul cas où ils l'aient inoculée à l'homme. Du moins, c'est ce qui ressort de tout ce qu'on a écrit jusqu'ici.

Or, c'est là le point que j'ai eu principalement pour but : mettre le chien dans l'impossibilité de communiquer la rage à l'homme, et, en cherchant le moins, j'ai trouvé le plus.

En effet, on dit que le chien dont les dents sont limées peut faire des plaies superficielles susceptibles d'absorber une plus grande quantité de virus, ce qui rendrait la contagion plus facile. Mais qu'en sait-on? Peut-on seulement me citer un seul cas où ce fait se soit produit?

Il n'y en a pas et il ne peut pas y en avoir. La moindre expérience faite par ceux qui ont trouvé ce bel argument le leur aurait démontré.

— On me parle aussi du poil plus ou moins épais des chiens, de certains de ces animaux cités par M. Rœll, comme réfractaires à l'inoculation.

Qu'on me permette de le dire, ce sont là des querelles d'Allemands, des arguments de gens qui ne peuvent trouver rien de sérieux pour attaquer un système qu'ils veulent combattre quand même. Il va sans dire que l'on opère sur toutes espèces de chiens, sur ceux à poil court de même que sur ceux à poil long, sur ceux à poil fin et doux comme soie, ainsi que sur ceux à poil dur et raide comme des hallebardes.

Pourquoi faut-il que des hommes d'une haute intelligence, et occupant une haute position sociale, se soient attaqués à ma méthode? S'ils avaient compris mon idée, s'ils l'avaient protégée, s'ils l'avaient propagée, elle serait aujourd'hui considérablement répandue. S'ils avaient employé à conseiller l'émoussement des dents, la même ardeur qu'ils ont mise à le réfuter, la plus grande partie de la population canine de Paris aurait les dents limées; le danger qu'elle fait courir à l'homme aurait diminué considérablement, et la rage ne se développerait que bien rarement chez le chien. Mais, hélas! ils n'ont pas vu cela; fasse le ciel qu'ils le voient un jour.

Le public a besoin d'être éclairé sur ce qui peut lui être utile. Ce qui est difficile, ce n'est pas de concevoir une bonne idée, c'est de persuader aux gens qu'elle peut leur servir. Si tous mes honorables confrères recommandaient à leurs clients la résection des dents de leurs chiens, mon système serait bien vite propagé.

— J'ai écrit, par excès de prudence, qu'il serait bon chaque année de vérifier si, après émoussement, les dents du chien en s'ébréchant, par un accident quelconque, n'ont pas repris une forme aiguë, et là-dessus, on a fait toutes sortes de réflexions plus ou moins spirituelles.

Mais, je le répète, je n'ai écrit cela que par excès de précaution, et en général ce n'est pas à craindre. J'ai fait voir à M. Bouley des chiens opérés depuis un an, trois ans et même six ans, qui n'avaient subi aucune retouche; et, comme l'illustre savant a consenti à laisser étreindre ses doigts dans la mâchoire d'un de ces animaux, j'ai moi-même saisi la tête du chien et je lui ai fait presser énergiquement les doigts de M. Bouley, sans que celui-ci ait eu le moins du monde l'épiderme entamé.

— Quant à l'application de ma méthode, je m'étonne que des esprits distingués trouvent impossible de limer les dents de 60,000 chiens; heureusement pour l'humanité, l'homme a accompli des œuvres beaucoup plus difficiles que celle-ci. D'autant plus que je suis autorisé à dire que la résection ne répugne pas aux propriétaires des chiens, je l'ai suffisamment pratiquée pour pouvoir l'affirmer.

— M. Leblanc, qui a conseillé l'autorisation du colportage de mon *Traité complet de la rage chez le chien et chez le chat*, et qui a fait à M. le Préfet de police un rapport défavorable sur ma méthode, compte sur ma reconnaissance, écrit-il. Il n'a pas tort et je le remercie comme il le mérite.

M. Leblanc qui n'a pas lu mon ouvrage et qui m'accuse de lui faire dire ce qu'il ne dit pas, alors qu'il lui arrive si souvent de me prêter des idées que je n'ai jamais eues, a « signalé à M. le Préfet de police « le danger de faire croire au public que tout chien ayant les dents « émoussées était inoffensif. »

Si j'avais non pas écrit, mais pensé une pareille sottise, je n'aurais pas fait tout un chapitre sur la muselière, où je constate l'oubli dans lequel MM. les préfets de police ont laissé tomber l'ancienne ordonnance qui en prescrivait l'usage; je n'aurais pas, ensuite, répété à satiété dans mon ouvrage que dès qu'un chien modifie ses habitudes ou a seulement un aspect peu ordinaire, il faut au plus vite le conduire au vétérinaire. Je n'aurais pas enfin écrit, page 114 de mon livre, qu'il était hors de doute que si un chien enragé quelconque vient à faire avec ses dents émoussées ou non une écorchure, il faut se faire cautériser immédiatement.

Vraiment, si je n'avais constaté irrévocablement que M. Leblanc n'a pas lu l'ouvrage qu'il critique, je ne saurais comment qualifier de pareilles interprétations. Ce qui fait la supériorité de la résection sur les autres systèmes préventifs, c'est qu'elle les résume tous, et qu'on peut négliger complétement ceux-ci ; mais de ce qu'on peut se départir de ceux-ci lorsqu'on applique l'émoussement des dents, il n'en résulte pas que si un accident se produit, par hasard, le chien enragé soit inoffensif. Jamais je n'ai écrit cela.

Il me semble que, puisque M. Leblanc n'avait pas le temps de lire mon livre, il eût fait preuve d'un jugement plus sain s'il s'était contenté, pour en faire son rapport à M. le Préfet de police, de copier ce qu'écrivait M. Bouley dans le *Recueil de médecine vétérinaire* d'avril 1874, page 248 :

« De fait, les dents émoussées n'étant plus pénétrantes, toute par-
« tie protégée par un vêtement pourra être mordue, on peut le dire,
« avec une complète immunité, pour peu que le vêtement ait d'épais-
« seur. Voilà donc déjà une catégorie assez considérable de morsures
« dont l'homme court les chances, et qui resteraient inoffensives, si
« elles étaient faites par des dents dont l'acuité aurait été effacée par
« la résection et la lime. — D'un autre côté, pour les parties nues, si
« les dangers des morsures faites dans ces conditions ne sont pas au-
« tant annulés, on ne saurait contester qu'ils sont considérablement
« diminués, puisque la dent émoussée écrase plutôt qu'elle ne pénètre,
« et que des tissus meurtris sont bien moins aptes à l'absorption que
« ceux qui ont été seulement entamés par un instrument vulnérant,
« que ce soit une dent ou une lancette » (1).

---

(1) Ce qui est dit ici de l'homme peut s'appliquer également au chien pour equel le poil constitue un véritable vêtement.

Qu'oppose-t-on à des arguments d'une si nette précision, arguments dont on peut aisément faire la preuve? On répond par des théories qui ne sont basées sur aucune expérience; que dis-je, on répond par des accusations de déloyauté. « Vous avez fait mordre votre main gantée, par un chien enragé, me dit-on, quelle épaisseur avait le gant? »

Est-ce que mes adversaires s'imaginent que j'ai eu en vue de faire du bruit avec cet acte dont toute la presse a parlé. Ils n'ont donc jamais cherché à résoudre une question scientifique qu'ils ignorent comment se produisent ces actes audacieux qui étonnent le vulgaire? Ils ne se sont donc jamais trouvés mus par cette force irrésistible qui pousse, comme malgré lui, l'homme qui cherche et qui veut trouver?

Un jour, profondément ému par la mort de gens qui avaient été atteints de la rage, j'avais limé les dents d'un chien enragé. Comment vérifier sérieusement si cette opération pouvait produire les résultats que j'en attendais? Un seul moyen se présente à mon esprit; je vais me faire mordre. Mais, par précaution, je tire un gant de ma poche, c'était un gant de Suède, je crois même qu'il m'avait coûté 35 sous, et je le passe. Cela fait, je présente la main au chien enragé. Il se jette dessus avec fureur et me mord les doigts. Je retire ma main, j'essuie le gant qui était souillé de bave, il n'était nullement déchiré. La presse parisienne a attaché à ce fait une importance que je n'avais jamais songé à lui donner. Je ne l'avais consigné dans mon *Traité complet de la rage* que parce que je le trouvais probant.

Si mes adversaires avaient assisté à la résection des dents d'un chien enragé, ils auraient vu que l'opération la plus dangereuse n'est pas celle qui consiste à se faire mordre par un chien auquel on a enlevé tout moyen de blesser, mais bien, au contraire, celle qui consiste à prendre le chien dans sa cage, à le porter sur la table d'opération, à l'y contenir, à le bâillonner et enfin à lui limer les dents.

Ici je dois rendre hommage au stoïque courage avec lequel mes aides m'ont toujours secondé dans mes opérations. L'amour de la vérité, le désir d'être utile à l'humanité seuls ont pu leur inspirer la force de s'exposer à d'aussi graves dangers.

Je dois à la vérité d'ajouter également qu'avant de trouver des adversaires au dehors, j'en ai trouvé jusque dans ma propre maison. M. Béraud, vétérinaire adjoint de mon établissement, s'est montré au début l'antagoniste de mon système. Mais, lui au moins, il a eu le bon esprit de chercher mieux que des phrases pour me combattre, il a voulu des faits, et, en présence de l'évidence de ces derniers, il n'a pu que se rallier à ma méthode. Que mes adversaires fassent comme lui. Il n'y a pires aveugles que ceux qui ne veulent pas voir. En étudiant sérieusement et sans parti pris la question de l'émoussement des dents, ils verront que la pratique en est facile; ne trouve-t-on pas, en effet, à tous les coins de rue des gens capables de manier une lime? Si, même, il était nécessaire, je me ferais un plaisir de montrer à ceux qui le désireraient comment se pratique l'émoussement. En un mot, n'ayant jamais eu en vue dans la question de la rage autre chose que le bien de l'humanité, et persuadé que la résection y concourt, je n'épargnerai rien pour en propager l'usage, quoi qu'il doive m'en coûter.

— J'ai craint un moment que la sensibilité excessive de certains de mes clients ne se trouvât désagréablement affectée si, après l'émoussement des dents de leur chien, pratiqué sur leur consentement, cette opération avait entraîné avec elle un état d'agacement prolongé, ou la carie des dents, ce qui m'eût exposé à perdre une grande partie de la confiance de ma clientèle. Heureusement, il n'en a pas été ainsi; au contraire, tous les maîtres des chiens sur lesquels j'ai pratiqué la résection m'ont complimenté sur le succès de l'opération. M. Leblanc, seul, me signale le cas d'un chien qui, depuis qu'il a subi la résection, bave beaucoup : c'est une exception.

Je continuerai donc à conseiller cette pratique afin de la généraliser; peut-être ma vie ne sera-t-elle pas assez longue pour me permettre d'atteindre ce but, peu m'importe. Une idée, lorsqu'elle est bonne, porte toujours ses fruits. Il est vrai qu'elle y met quelquefois le temps, ce ne sera probablement pas le cas ici; une mesure sanitaire conseillée par des hommes aussi érudits que MM. Bouley, Reynal, Sanson, etc., a l'avenir pour elle.

— J'ajouterai que depuis 1867, époque à laquelle j'ai propagé ma méthode, un seul fait contradictoire s'est produit. C'est celui que rapporte M. Trasbot, d'un chien de berger qui avait eu les dents limées, et malgré cela « mordait au point de faire des plaies aux cuisses des animaux « confiés à sa garde ». Mais cet exemple n'est pas probant, attendu qu'il ne dit pas combien de dents on avait limées à cet animal; il ne suffit pas en effet d'émousser les canines comme on le fait dans certaines campagnes pour les chiens de bergers, mais, comme je l'indique avec détails dans mon ouvrage, l'action de la lime doit porter sur seize dents.

— M. Leblanc écrit que les partisans de la spontanéité n'ont jamais publié de cas de rage spontanée chez le chat.

J'avais pourtant eu soin de constater, page 127 de mon *Traité complet de la rage chez le chien et chez le chat*, les deux faits de spontanéité cités par M. Tardieu, mais M. Leblanc n'a pas lu ce passage ainsi que beaucoup d'autres qu'il combat. Il dit que le chat entier est le plus coureur de tous les animaux et que, par conséquent, j'ai tort d'attribuer à l'état sédentaire de ces animaux la grande rareté des cas de rage que l'on constate chez eux. « Il faut avoir le sommeil bien pro- « fond, écrit-il, pour qu'habitant Paris, on n'ait pas été réveillé par le « concert qu'ils donnent chaque nuit à leur Rosine..... La rage est « rare chez le chat *parce qu'on châtre presque tous les mâles.* »

Je demande pardon à M. Leblanc, mais il est impossible qu'il ait entendu chaque nuit le concert donné à Rosine par ses amants, attendu que ceux-ci ne se dérangent que lorsque Madame les appelle. Or, ces invitations ne se font que deux fois par an et quinze jours seulement chaque fois. En sa qualité de vétérinaire mon confrère doit savoir cela. Après ce temps, le matou rentre dans ses habitudes.

Puis, comment se fait-il que la non-satisfaction des désirs génésiques ne produisent pas la rage chez ces animaux? On châtre les matous, nous dit M. Leblanc; il doit en résulter pour les chattes une grande difficulté à se satisfaire, et alors? Comment se fait-il que la spontanéité ne soit pas horriblement fréquente chez ces petites bêtes, la chatte étant de tous les animaux celui qui éprouve le plus violemment les désirs génésiques? Ah, je sais, M. Leblanc me répondra, sans doute, que, comme la chienne, elle jouit d'une immunité organique ! ! !

M. Leblanc répète, après moi, que les cas sont rares chez le chat, parce qu'il fuit les chiens et évite d'être mordu par eux. Je suis heureux de me trouver enfin d'accord avec mon confrère sur un point.

— Quand on n'a qu'une idée dans sa vie, il faut y tenir, écrit mon honorable confrère. Si c'est là un conseil qu'il me donne, il verra par ces pages que je sais mettre en pratique les bons conseils. N'a pas une bonne idée qui veut, malheureusement, sans quoi le progrès marcherait avec la rapidité d'un train express; j'ai déjà prouvé à mon adversaire que je pouvais avoir deux idées, j'espère lui montrer bientôt qu'il reste encore place dans mon cerveau pour en concevoir d'autres.

— Dans mon *Traité complet de la rage*, j'ai parlé de M. U. Leblanc, en termes modérés et qui ne m'avaient pas paru prêter à critique; son fils n'est pas de cet avis et il m'invite à respecter la mémoire de son père. Certes, personne plus que moi ne respecte la mémoire des hommes éminents qui ne sont plus, et jamais il ne m'est venu à l'idée d'attaquer M. U. Leblanc, mais je maintiens ce que j'ai écrit dans mon *Traité*, page 127, où je disais que « si les hommes que cite mon ouvrage s'étaient occupés spécialement de la question qu'il traite, aujourd'hui la rage n'existerait plus ».

— Je tiens à dire ici que lorsque j'ai cité le cas des deux chiens *Tom* et *Black*, rapporté par l'honorable M. Piétrement, alors que je faisais une démonstration négative, je n'avais nullement l'intention de lui donner la portée qu'il trouve en réalité dans la rédaction de ma phrase. « Polissez votre ouvrage et le repolissez », a dit quelqu'un qui s'y connaissait. J'ai passé légèrement sur cette question sans importance, un écart de ma plume lui en donne aujourd'hui. Je reconnais parfaitement avec mon honorable confrère qu'il n'a jamais dit qu'un chien puisse, en en mordant un autre, lui communiquer une maladie qu'il n'a pas lui-même. Je demande pardon à M. Piétrement de cette erreur involontaire que je rectifierai dans la seconde édition de mon ouvrage.

— Avant de clore la première période de l'œuvre philantropique que je poursuis, je ne puis me défendre d'un sentiment de profonde tristesse en songeant à la pauvreté des arguments que l'on m'oppose, et à la façon dont les adversaires de mon système se sont torturé l'esprit (suivant l'expression de l'un d'eux) pour les produire.

A la page 84 de mon *Traité complet de la rage* se trouve un tableau de 77 personnes mortes de la rage, depuis 1865 à 1872, dans le seul département de la Seine. En présence de ce chiffre, comment pourrai-je conclure, comme l'honorable M. Duluc de Bordeaux : « La rage de « contagion ne se communique pas à l'homme ? »

Ces malheureuses victimes et celles qui les ont précédées ou suivies ne crient-elles pas assez fort qu'il faut, à tout prix, débarrasser l'humanité de la rage? Songer à conserver l'intégrité de la mâchoire du chien, quand elle constitue un danger pour la société, n'est-il pas alors une fantaisie déplorable?

Il faut voir sérieusement les questions sérieuses. Et ce n'est pas en présence de ces morts qu'il faut venir me dire que si on lime les dents des ratiers, ils ne pourront plus étrangler les rats. Du reste, ceci est absolument faux : le chien a-t-il besoin de ses crocs, pour produire, au moyen des mâchoires, une pression assez forte pour étrangler les rats? Évidemment non.

Ah! vous trouvez barbare de limer les dents du chien; comment appellerez-vous l'action qui consiste à exposer volontairement son semblable au danger de contracter la rage, pour éviter à un animal une opération des plus simples ou des plus faciles?

C'est là ce qu'il faut voir, c'est dans de pareilles considérations que je puise chaque jour le mépris du danger, nécessaire à poursuivre les expériences auxquelles assiste actuellement la Commission vétérinaire. Si, comme j'en ai la conviction, le rapport qu'elle fera de ses expériences conclut en faveur de mon système, quel honneur pour l'art vétérinaire d'avoir trouvé le moyen de préserver l'humanité de l'horrible maladie qu'on appelle la *rage!*

— M. Leblanc trouve mauvais que j'aie dédié mon *Traité complet de la rage chez le chien et chez le chat* à la Société protectrice des animaux, où, laisse-t-il entendre, il ne se trouvait personne d'apte à le juger. Quand il rabaisse si fort les qualités d'appréciation des membres de cette Société, il ne sait pas sans doute que son père en a fait partie. M. U. Leblanc n'en est plus, je le regrette. Mais elle compte parmi ses membres les plus dévoués de nombreux vétérinaires de Paris, même des membres de l'Institut et, encore, de la section médicale. Si j'ai dédié mon ouvrage à la Société protectrice des animaux, c'est parce que je savais qu'on y étudierait sérieusement une méthode pour laquelle on m'y avait déjà donné de si précieux encouragements.

Je ne puis terminer cet opuscule, que j'ai dû faire beaucoup plus long que je n'aurais voulu, sans témoigner ma gratitude au savant Directeur du *Recueil de médecine vétérinaire,* pour la bienveillance avec laquelle il a bien voulu ouvrir ses pages à la défense d'une méthode si aigrement attaquée; défense qu'il n'était pas en mon pouvoir de porter dans l'enceinte même où avait eu lieu l'attaque.

Paris, 5 septembre 1874.

LETTRE A M. X***

Mon cher client,

Vous m'apprenez par votre lettre en date du 15 de ce mois que votre chien, *Médor*, a été mordu par un animal de son espèce qui vous est resté inconnu. Vous êtes inquiet; cet accident a fait naître dans votre esprit la crainte de la rage, et vous me demandez mon avis, tant sur le fait particulier qui concerne votre chien, que sur les moyens que la science préconise comme pouvant préserver ou guérir de cette cruelle maladie.

Vous trouverez dans le Dictionnaire de Littré, page 1451 :

« *Rage*. — La rage inoculée à l'homme (ou au chien, c'est la même chose quant aux suites) par une morsure ne se guérit, quoi qu'on dise, par aucun remède, sinon par la cautérisation pratiquée aussitôt. »

Mon cher client, avez-vous cautérisé votre chien aussitôt après la morsure, soit en appliquant sur la blessure le caustique potentiel le plus tôt prêt, soit en vous servant d'une tige de fer chauffée à blanc, ce qui est le meilleur, mais le plus lent des moyens à employer ?

Si oui, n'ayez aucune crainte des suites de la morsure d'un chien enragé. Mais s'il s'est écoulé seulement cinq minutes avant que vous ayez pu procéder à l'application du caustique — mon conseil est cruel quoique sage — faites abattre *Médor*. Car cinq minutes après la morsure, il se pouvait qu'il fût trop tard.

Dure extrémité, dont aurait pu facilement vous garder un peu de prudence. Il vous eût, en effet, suffi de porter constamment sur vous le premier caustique venu dont l'action fût assez énergique pour s'opposer à l'absorption du virus, et même le détruire au moment où il a été déposé sous l'épiderme. Certes, si chacun prenait ce parti, notre espèce serait à jamais délivrée du mal qui vous cause actuellement tant d'inquiétudes.

Je m'étonne que l'industrie pharmaceutique, qui a pris un tel développement depuis quelques années, n'ait pas encore imaginé un flacon minuscule fait de cristal enchâssé dans les métaux les plus ordinaires comme les plus précieux, et contenant du beurre d'antimoine ou tout autre caustique. Un médaillon, une breloque établis dans ces conditions, ne serait-ce pas joindre l'utile à l'agréable? L'industriel qui débiterait ces articles d'un nouveau genre pourrait y ajouter la manière de s'en servir.

Quand on pense que les morsures de chien à chien, comme c'est le cas ici, impressionnent aussi vivement beaucoup de gens en leur donnant des appréhensions, trop souvent justifiées, sur le sort de leurs animaux, que sera-ce lorsque l'homme lui-même aura été mordu par un chien enragé?

Tous mes collègues et moi nous sommes souvent les spectateurs émus de scènes poignantes, provoquées par des faits de cette nature.

Nous sommes appelés quotidiennement, soit par l'autorité, soit par des particuliers, à établir des certificats dans le but de calmer les alarmes des personnes mordues ou des familles de celles-ci.

Supposez, mon cher client, que, sous l'influence de ces réflexions, tous les propriétaires de chiens leur aient fait émousser les dents, — la suppression de la pointe des dents incisives et canines empêchant presque constamment le chien d'attaquer l'épiderme lorsqu'il mord, — et voyez le changement à vue du tableau qui précède.

Plus de troubles dans la rue, de querelles de voisin à voisin, de conduite avec force gesticulations chez le commissaire de police. L'animal que la lime a désarmé ne pouvant plus produire, sauf de très-rares exceptions, que des contusions sans éruption de sang, dont le public avec raison ne s'effraye jamais, il n'y aurait plus de demande en réparation ou en dommages-intérêts, ni de constatation de l'état de santé des animaux qui ont occasionné la blessure ou en ont été victimes. En effet, lorsque l'épiderme n'est pas perforé, il ne saurait y avoir danger.

Voilà ce que dit la science, mon cher client. Mais vous objectez : Si on lui lime les dents, comment fera mon chien pour manger ? Comme s'il n'existait pas sous vos yeux de vieux chiens complétement édentés et gras à lard !

A voir vos oppositions, malgré mes conseils réitérés, on croirait que vous êtes de l'avis de certaines gens qui pensent que la rage ne fait pas mourir assez de monde pour qu'on s'occupe sérieusement des moyens de s'en préserver. On voit bien que les personnes éminentes qui traitent si légèrement la *fonction* de clinicien n'ont pas chaque jour, comme lui, l'occasion d'apprécier d'une manière aussi sensible combien il y a de différence entre la pratique et la théorie, lorsqu'on se trouve en présence de certaines affections. Il est vrai que ceux-ci ne se sont pas trouvés dans le cas de M. Potier, restaurateur, 156, rue Montmartre, qui, mordu à la jambe à travers son pantalon et sa chaussette, par un chien en état de santé, fut pris d'une telle peur de devenir enragé, qu'il est impossible de peindre son effroi. Tous ceux qui, comme moi, ont été à même de constater son état moral, après ce léger accident, en ont été très-douloureusement impressionnés.

C'est malheureusement par milliers que l'on compte les faits identiques à celui-ci ; et l'émoussement des dents du chien n'aurait-il pour effet que d'en diminuer le nombre, qu'il devrait être pratiqué partout, puisqu'il est établi que l'animal qui est soumis à cette opération n'en éprouve aucune gêne, ni aucune dépréciation.

Ah ! partisans du laisser-faire, que ne vous trouvez-vous au chevet de l'homme qui meurt de la rage ! Vous entendriez ses imprécations accusatrices contre notre impuissance. Vous qui vous contentez de dire : Il n'y a rien à faire, que lui répondriez-vous s'il vous répétait les paroles de cet assassin qui, saisi d'effroi à la vue de l'échafaud, s'était arrêté haletant devant l'instrument de la suprême expiation. « Tu trembles, Vergère ! » l'interpella quelqu'un. « Je voudrais bien vous voir à ma place, » répondit-il.

Oui, l'argument tiré de ce que toutes les maladies fournissant un contingent de mortalité, on ne voit point pourquoi on s'occupe autant de la rage, porte complétement à faux. L'homme ne peut être atteint par cette funeste maladie qu'après inoculation préalable du virus rabique. L'acte purement physique auquel elle est subordonnée est de ceux dont nous pouvons nous garantir. La plupart des autres maladies, au contraire, provenant souvent de causes insaisissables à l'observateur, on ne peut agir que sur leurs effets. Si les découvertes de la science ont donné des notions qui en facilitent la guérison, il est loin d'être aussi aisé de s'en préserver. D'où la conclusion, mon cher client, qu'un jour, *et quand on le voudra*, la rage cessera d'affliger l'humanité.

Résumons cette première partie de ma lettre. Je viens d'établir :

1° Que le meilleur remède contre la rage observée chez l'homme ne peut-être que celui qui s'oppose à l'introduction du virus rabique sous l'épiderme ;

2° Que le caustique qui détruit ce même virus ne peut venir qu'en seconde ligne, car il se peut que son application ait été faite trop tard.

Maintenant j'ai à répondre à votre deuxième question touchant les agents curatifs de la rage, et en particulier la méthode de M. le vétérinaire Lebeau.

Dès le mois de mars dernier, ce remède a été signalé à l'attention du public par plusieurs journaux, et notamment par le *Gaulois*, le *Figaro* et l'*Evénement*.

Confrère de cet inventeur, je risque en le critiquant de voir les gens crédules accoler à mon nom des épithètes peu charitables. Mais, dans aucune question scientifique, les insultes ne sauraient être considérées comme des raisons ; et je croirais démériter de l'estime de mes concitoyens si la crainte d'une raillerie plus ou moins spirituelle me faisait hésiter un instant à suivre une ligne de conduite qui m'a été tracée par une longue expérience.

En 1873-1874, M. Lebeau a sollicité du ministre de l'agriculture la faveur d'expérimenter sa méthode à l'École vétérinaire d'Alfort. Il a demandé que dix chiens fussent mis à sa disposition pendant un mois, terme qu'il a fixé lui-même. Le ministre a obtempéré à ses désirs, et cette expérience a été faite. Elle ne pouvait nullement être concluante.

Sans doute, si mon confrère avait su alors que la durée de l'incubation rabique est, en moyenne, d'environ cinquante jours, il ne se fût pas exposé à s'entendre dire qu'il vendait la peau de l'ours avant de l'avoir tué, autrement dit, qu'il vendait son spécifique avant d'en avoir démontré l'efficacité. Il est de toute équité, lorsqu'on désire attirer l'attention publique sur une découverte quelconque, dans le but d'en retirer un grand intérêt personnel, comme c'est le cas pour mon confrère, puisqu'il tient sa méthode secrète et n'entend la faire connaître que sur la promesse d'une récompense nationale, il est de toute équité, dis-je, pour garantir plus sûrement ses affirmations, de prendre la période maximum de l'incubation du virus.

La période minimum peut d'autant moins être probante, que des chiens inoculés à l'aide d'une lancette ou dans le sang desquels le virus a été introduit par la pointe d'une dent faisant office de cet instrument peuvent résister, sans le secours d'aucun médicament, au redoutable toxique. Il est établi que la constitution de certains animaux les rend réfractaires à l'inoculation du virus; en outre, il se peut que celui-ci ait, par exception, perdu beaucoup de son activité au moment où la dent du chien enragé l'introduit dans le sang d'un de ses congénères.

En ne suivant pas, dès les premières expériences, la marche sage et prudente qu'elles comportaient, on a risqué de paraître ignorer le sujet sur lequel elles portaient; et, en ne se montrant pas suffisamment scrupuleux dans l'usage des réclames imprimées dans les principaux journaux de Paris, on s'est exposé à mériter un jugement sévère de la part des corps savants; car, en l'état de la question, on ne peut encore dire que le vétérinaire dont nous nous occupons ait apporté un élément de plus à la discussion, et la preuve du contraire est encore à faire.

Il va sans dire que si des expériences venaient démontrer l'efficacité de sa méthode, je ne serais pas le dernier à le féliciter d'avoir fait une découverte aussi importante. Du reste, il en a la preuve dans le concours désintéressé que je lui ai offert de prêter à ses essais, au cas où il suivrait, dans ceux-ci, une marche expérimentale rationnelle.

On peut dire que, depuis que le monde est monde, la légende rabique existe. Pline, et avant lui beaucoup d'auteurs, en ont traité, et cela, à la vérité, sans grand profit pour la science. Les uns ont donné des recettes éthérées, telles que : la Clef de Saint-Hubert, les invocations magiques ; les autres ont proposé des formules concrètes : c'est ainsi que nous possédons la poudre d'écailles d'huîtres, la poudre d'écorce d'hoang-nan qui nous vient du Tonkin, excellentes et d'une efficacité incontestable, disent les heureux mortels qui les débitent. Il faut noter que tous les gens crédules ont les mêmes guérisons à leur actif, et je n'en excepte pas M. Lebeau qui, en sa qualité de vétérinaire, doit en fournir plus que les autres.

Mais, avec tant d'excellents systèmes, où va-t-on ? Avec toutes ces panacées merveilleuses, nous entrons en plein dans la légende, dans la sorcellerie, l'abrutissement du cerveau... la nuit.

Mais c'est justement cette nuit-là qu'il faut chasser. La science, comme une brillante lumière, suffit pour faire succéder le jour à ces ténèbres.

Elle nous apprend que, sur cent personnes mordues par des chiens enragés, il n'y en a que six environ chez lesquelles il y ait inoculation.

De chien à chien, la proportion est plus forte, et le nombre des inoculations atteint le tiers de celui des morsures.

Supposons un moment, pour aider à ma démonstration, que cent personnes mordues par des chiens enragés s'administrent l'antidote de M. Lebeau ou de tout autre, n'importe ; on aura ce résultat :

Guérisons, 94 ou 95.

Morts, 5 ou 6.

Il est évident que les 94 personnes restées indemnes ne devraient nullement leur guérison à l'antidote, puisque nous venons de voir que si elles n'en avaient pas usé, il en aurait été de même. C'est donc à tort que ces mêmes personnes viendraient préconiser ce procédé. S'il n'en était pas ainsi, mais je ne connaîtrais pas, dans le cadre nosologique des lésions internes, de maladie plus facilement curable que la rage.

C'est là ce qui permet à de nombreux individus de présenter, comme jouissant d'une efficacité incontestable, certaines compositions absolument impuissantes à combattre la rage. Aussi les voit-on se refuser constamment à appliquer leurs remèdes aux animaux chez lesquels cette maladie s'est déclarée ; tandis qu'ils sont des premiers à prôner les excellents effets qu'ils doivent produire, d'après eux, sur ceux qui n'ont été que mordus.

Il n'est pas un département qui ne contienne de prétendus possesseurs d'antidotes contre la rage (1).

Permettez-moi, mon cher client, de vous citer, à l'appui de mon dire un fait qui m'est personnel.

En 1845, me trouvant dans le département de la Haute-Garonne, je fus mandé par le sous-préfet de mon arrondissement pour lui faire un rapport sur un taureau et une vache que l'on soupçonnait être atteints de la rage. Ils avaient été mordus, environ un mois auparavant, par un chien terrier qui depuis était mort de cette maladie. Après examen de ces deux animaux, je constatai un état rabique arrivé à sa période la plus caractérisée, et j'ordonnai de les abattre. Leur propriétaire était dans la désolation. Les voisins se réunirent, délibérèrent, et finalement on découvrit qu'une famille de bouchers, établie à plus de sept lieues de l'endroit, possédait, de père en fils, le secret de guérir la rage. On me supplia de suspendre l'exécution de mon arrêt ; j'y consentis.

Le lendemain, vers quatre heures du soir, les soi-disant guérisseurs arrivèrent. Dès qu'ils virent les deux animaux enragés, ils déclarèrent

---

(1) Legs de famille religieusement conservés.

qu'on les avait appelés trop tard, et qu'ils ne pouvaient plus les sauver. Mais, avisant un autre taureau et une autre vache, qui se trouvaient dans la même étable, ils affirmèrent que leur remède les préserverait sûrement de la rage. « Mais de ceux-là, leur dis-je, mes amis, j'en réponds aussi, votre breuvage est inutile. » Ils n'avaient pas été mordus.

Sur mon invitation expresse, ils administrèrent leur élixir aux deux bêtes enragées. Il produisit sur elles un effet légèrement purgatif. Mais la marche des ravages qu'opère le virus rabique sur l'organisme n'en fut nullement retardée ; au contraire. Une mort prompte et douloureuse fit bientôt de ces deux animaux deux cadavres.

Je profitai de cette malheureuse circonstance pour prendre de la salive du taureau et l'inoculer à une brebis. Vingt-deux jours après elle devint enragée. La base de la potion, dont les bouchers avaient le secret, consistait en une infusion de rue odorante dans d'excellent vin blanc. Je m'appropriai un litre de cette composition ; j'en prenais un petit verre tous les matins. C'était fort bon, ma foi ! Parbleu ! comment en aurait-il été autrement ? n'est-ce pas Pline qui a donné la recette de cet élixir ?

Je crains fort, mon cher client, que le remède de M. Lebeau n'ait une origine qui se rapproche de celui du précédent et de tant d'autres à peu près équivalents. Les localités où ce praticien a exercé son art n'ont pas pu lui offrir des cas de rage assez nombreux pour qu'il ait eu occasion d'expérimenter en grand sa potion antirabique, avant de venir à Paris en proclamer les effets salutaires.

M. Lebeau vient de commencer une seconde série d'expériences, conformes cette fois aux exigences de la science. Le 10 mai dernier, il m'écrivait : « Attendu que les conditions dans lesquelles je veux refaire mes expériences sont celles que vous m'indiquez dans votre très-honorée du 8 mai dernier, je compte sur votre concours, etc. » Dans cette lettre, je lui avais dit, en effet, qu'il fallait, pour avoir une expérience sérieuse, diviser les chiens sur lesquels devait porter l'observation en deux catégories :

La première devait comprendre des animaux inoculés à l'aide d'une lancette, ou mordus par des chiens enragés auxquels il administrerait son remède.

La deuxième devait être, disais-je, composée du même nombre de chiens que la première, inoculée à l'aide des mêmes agents et auxquels on ne ferait suivre aucun traitement. Car il est de toute importance que les chiens enragés qui ont servi à inoculer le virus rabique à la première série soient les mêmes qui servent à l'inoculer à la seconde. La comparaison du nombre des morts et des survivants dans l'une et dans l'autre de ces deux catégories ne pouvait manquer d'établir approximativement la valeur de l'antidote imaginé par M. Lebeau.

Or, le 24 mai, j'ai lu, dans le journal l'*Evénement*, un entrefilet annonçant que le 21 du même mois, dans le chenil de M. Leblanc, en présence d'une commission spéciale, on avait opéré suivant la manière indiquée par moi le 8 mai, et que le délai de trois mois avait été pris comme terme moyen de la durée des incubations, et, par suite, de celle des expériences. Je ne puis que donner la plus entière approbation à cette sage mesure.

Si, à l'expiration de ce délai, des cas de rage se sont déclarés dans la série des animaux traités, l'efficacité du remède de M. Lebeau devra être considérée comme nulle ; si, au contraire, ce que je souhaite vivement pour ma part, la rage n'a sévi que sur les animaux de la deuxième série, c'est-à-dire sur ceux auxquels on n'a pas administré le médicament, on n'aura qu'à faire la part proportionnelle des cas de mort et à en établir la valeur préventive. En cette heureuse occurrence, il sera de notre devoir d'ouvrir une souscription pour permettre à M. Lebeau de suivre ses expériences jusqu'à conversion à sa méthode des esprits les plus incrédules.

Dans son numéro du 24 mai 1875, que je citais plus haut, le journal l'*Evénement* disait que l'expérience commencée le 21 mai serait décisive. C'est une illusion. Si elle est favorable au système proposé, elle ne peut être qu'un encouragement. L'erreur du journal, à ce sujet, s'explique facilement. Dans toute expérience, il peut se trouver des causes qui l'annihilent, que ne perçoivent pas les gens qui ne sont pas du métier.

Ainsi, par exemple, M. Lebeau reconnaît que si les chiens servant à l'expérience avaient reçu des inoculations bien antérieures à celles pratiquées par lui-même sur ces animaux pour prouver les qualités préservatrices de son remède, il n'y aurait aucune conclusion à tirer de leur mort. Car, d'après lui, son traitement détruit seulement le virus récemment entré dans l'économie.

Il y a des chiens qui, sans être le moins du monde enragés, présentent néanmoins tout le cortége des symptômes rabiques; d'autres sont réfractaires à l'action du virus; chez d'autres encore, l'inoculation demeure sans effet, le virus introduit dans le sang ayant accidentellement perdu son activité. Ne sont-ce pas là autant de sources d'erreurs possibles d'une grande importance et qu'il n'est pas permis de négliger lorsque l'on veut faire une expérience sérieuse, puisqu'il suffit qu'une seule de ces erreurs se présente pour que tout soit à refaire ? On peut même se trouver obligé, pour obtenir une conclusion inattaquable, de faire naître dans le chenil les chiens nécessaires aux expériences et de les isoler complétement du monde extérieur. On comprend, en effet, que c'est le seul moyen d'éviter toute critique.

C'est pour ces motifs que j'ai conseillé à M. Lebeau de suivre religieusement ses essais, de les renouveler, et cela pendant la durée d'au moins une année, afin de donner à sa démonstration le caractère scientifique qu'elle comporte. On objecte qu'on n'a pas le temps. Mais cette précipitation ne peut-elle pas exposer à des déconvenues, surtout lorsqu'il s'agit d'une question aussi grave !

Par tout ce qui précède, vous voyez, mon cher client, qu'il m'est impossible, du moins quant à présent, de vous recommander l'usage du médicament de M. Lebeau. S'il fournit des preuves irréfutables de son efficacité, je m'emploierai autant qu'il me sera possible à le propager; mais, à l'heure qu'il est, je dois encore le considérer comme non avenu. Agir autrement, ce serait endormir la vigilance de ceux qui me consultent et leur faire courir de graves dangers.

Résumons-nous.

Nous n'avons que deux moyens d'éviter les atteintes de la rage :

1° Empêcher l'introduction du virus rabique dans l'économie animale ;

2° Détruire le virus rabique au moment précis où il est introduit sous l'épiderme.

Pour répondre au premier, on a préconisé la muselière et l'émoussement des dents.

La muselière est tombée en désuétude. Quant à l'émoussement des dents du chien, on ne peut en dire que peu de chose, puisqu'il n'a pas encore été généralisé par son accession dans nos mœurs. Pourtant, il a déjà à son acquis un point important. En empêchant l'animal dans l'immense majorité des cas de faire couler le sang de l'individu auquel il s'attaque, il évite de graves inquiétudes à beaucoup de gens. Aucun autre système n'atteint ce but. Aussi semble-t-il que, dans l'avenir, cette mesure préventive, à moins que l'on n'en conçoive une autre encore meilleure, recevra une très-large application, puisque la légère opération qu'elle nécessite ne nuit nullement au service des animaux qui y sont soumis.

La recherche du second moyen a fait imaginer la cautérisation ; elle est pratiquée depuis un temps immémorial ; malheureusement, pour des motifs que j'ai exposés tout au long dans le *Traité de la rage* que j'ai publié en 1874, elle ne donne point les résultats que l'on pourrait en attendre. On la pratique généralement trop tard, et je vous ai indiqué, mon cher client, au cours de cette longue lettre, ce qu'il y aurait à faire pour en tirer un réel profit.

Quant aux autres moyens, la science n'a pas encore résolu la question. Le résultat des expériences qui se poursuivent en ce moment nous apprendra si c'est à M. Lebeau que doit revenir l'honneur d'avoir trouvé un agent capable de s'opposer au développement du virus rabique.

Mais avant que l'on sache comment arriver à ce résultat, et que l'on ait découvert le traitement rationnel et curatif de la rage, problème extrêmement ardu, il se peut qu'il s'écoule quelque temps. Celui qui d'ici là aura imaginé le moyen le plus pratique d'empêcher l'inoculation du virus rabique, n'aura pas perdu sa peine.

Si le chien était né dépourvu de ses dents incisives et canines, on ne courrait aucun danger par le fait de sa morsure. Que, par l'emploi d'un système quelconque, on mette l'homme à l'abri de la pointe des dents de cet animal, et il n'aura plus à craindre la rage.

Paris, le 27 août 1875.

MÉTHODE DE L'ÉMOUSSEMENT

M. Leblanc continue ses attaques contre la méthode de l'émoussement. Loin de moi l'idée d'éterniser une polémique que je n'ai entreprise qu'à mon corps défendant. Mais je crois de mon devoir de répondre encore cette fois à des allégations qui ne reposent sur aucun fait établi.

Mon honorable contradicteur semble avoir perdu de vue la question scientifique posée dans mon *Traité complet de la rage*, pour ne voir que l'auteur de cet ouvrage.

De là une erreur manifeste, et dont se ressentent les considérations contenues dans la note publiée par lui dans le *Recueil de médecine vétérinaire* du mois de février 1876.

Dans les attaques parfois un peu vives qu'il ne cesse de diriger contre moi, il paraît n'avoir qu'un mobile : amoindrir les hommes pour avoir raison des choses. On voit d'ici quel funeste résultat doit donner l'application d'un semblable principe dans la discussion d'un fait scientifique.

C'est ainsi que la Note de mon honorable confrère se trouve être bien plutôt une diatribe, dirigée contre ma personnalité, qu'une critique de la méthode que je préconise.

L'émoussement de la pointe des dents du chien semble être devenu pour lui une question tout à fait accessoire, et il n'en parle qu'en passant.

Mais en revanche, il consacre de longs développements à me railler avec tout l'esprit dont il dispose, au sujet de quelques détails absolument insignifiants.

J'ai publié un ouvrage, fruit de longues études et d'expériences répétées, dans lequel j'ai cherché à établir un fait dont elles prouvaient l'exactitude. M. Leblanc ne partage pas les idées que j'ai émises dans mon *Traité de la rage*. En plaisantant longuement, comme il le fait, sur les termes dans lesquels en est conçue la couverture, croit-il donc prouver l'inexactitude des théories que j'y ai exposées? Se moquer des gens, si agréablement qu'on le fasse, ne passera jamais pour une critique de leurs œuvres, dans la véritable acception de ce mot.

Mon honorable adversaire me reproche d'avoir mis trop de titres sur la couverture de mon livre; il ajoute que je n'aurais pas dû y indiquer l'adresse de mon infirmerie. Qu'y a-t-il de sérieux dans de semblables observations? Ai-je fait tort à la science en faisant connaître ma demeure? Et d'ailleurs, mon adversaire n'a-t-il pas lu dans mon Traité certain passage où je me mets entièrement à la disposition de chacun, au cas où l'on désirerait me voir expérimenter ma méthode? Dès lors, ne devais-je pas indiquer à ceux d'entre mes lecteurs qui ne me connaissaient pas, le point de Paris où se trouve mon infirmerie?

Il dit que la critique qu'il a faite précédemment du titre de *Traité complet de la rage*, que j'ai donné à mon livre, m'a blessé au vif. J'avoue ne pas comprendre ce qui aurait pu me blesser si vivement en cette occasion. Le jour où j'ai livré mon ouvrage à la publicité, je l'ai soumis, par ce seul fait, à l'appréciation du public. J'avais donc accepté par avance toutes les contradictions qu'il pourrait soulever.

Si je n'avais pas prévu qu'il donnerait lieu à une critique du genre de celle qu'en a faite mon honorable confrère, il n'y avait pas en ceci cependant matière à me blesser. En outre, je crois que M. Leblanc est un homme de trop bonne compagnie pour qu'il ait eu sérieusement, ne fût-ce qu'un instant, l'intention de m'être personnellement désagréable : je ne pouvais donc être froissé d'observations souvent un peu vives, je le reconnais, mais que j'ai toujours attribuées à l'ardeur d'une plume emportée par son sujet. Il avait avancé que mon livre était incomplet : j'ai relevé cette assertion qui me semblait erronée. Il y revient aujourd'hui en prétextant que j'ai omis de publier un tableau indiquant que sur les 1219 chiens enragés entrés dans mon infirmerie de 1859 à 1872, il se trouvait tant de mâles et tant de femelles. Ce détail était-il donc si absolument nécessaire pour que mon Traité fût complet? D'ailleurs, l'ayant donné dans la brochure publiée par moi en 1867, sous le titre : *La Rage. — Moyens de l'éviter*, était-il bien utile de le reproduire dans mon ouvrage ? Ceci est au moins sujet à discussion.

L'essentiel, au point de vue scientifique, était, non pas de donner le rapport des mâles et des femelles entrés dans mon infirmerie : le véritable intérêt était d'établir cette proportion pour les chiens errants trouvés dans la rue. Ce tableau se trouve dans mon Traité.

En outre, M. Leblanc ne veut pas admettre que mon établissement soit spécialement consacré au traitement des chiens. Il se trompe lorsqu'il avance que je n'ai pas acheté une infirmerie uniquement pour cet usage. Ce que M. Leblanc n'a pas fait, je l'ai fait, et lorsqu'on vient me demander de traiter des chevaux, je renvoie les clients à mes confrères.

Maintenant, que signifient ces railleries adressées aux honorables membres de la Société protectrice des animaux?

Ne compte-t-elle pas dans son sein assez d'hommes éminents pour qu'elle soit digne du respect de tous? On dit qu'elle ne peut être compétente en matière de questions scientifiques. Oublie-t-on qu'elle a pour adeptes des docteurs, des vétérinaires distingués? MM. Magne, Goubaux, de l'Académie de médecine, ne comptent-ils pas parmi ses membres? Ignore-t-on que M. P. Bouley vient de s'y faire recevoir?

Cette Société ne compte-t-elle pas, parmi ses nombreuses sections, une Commission de la rage présidée par M. le baron Larrey, de l'Institut, et composée de médecins et de vétérinaires au moins aussi éclairés sur la question de la spontanéité ou de la non-spontanéité de cette maladie, que peut l'être M. Leblanc lui-même?

Mon adversaire ne connaissait certainement pas ces détails, sans quoi il eût parlé avec moins de légèreté d'une réunion d'hommes inspirés par un but philanthropique des plus élevés, et entre lesquels il s'en trouve qui figurent au nombre des célébrités scientifiques de notre époque.

Mon contradicteur me reproche avec une certaine âpreté de me composer de petites Commissions soigneusement triées sur le volet, et dont j'interdirais l'accès aux contradicteurs. Voilà une de ces imputations toutes gratuites qui semblent être familières à M. Leblanc. D'ailleurs, qu'y aurait-il de si singulier à ce que je fisse mes expériences devant des Commissions spéciales ? Une fois (il n'y a pas bien longtemps), j'ai remis à la Société centrale un travail sur la dystocie des petits animaux, dans lequel j'avais pris soin de prévenir les savants qui en font partie que je ne prétendais avoir rien inventé. La Société centrale a cru devoir me décerner pour ce travail une médaille d'or. Mais M. Leblanc doit connaître quelqu'un qui, contre toute espèce de raison, m'a traité alors de plagiaire (1). Ce n'est guère encourageant.

Mais passons : pourquoi appelle-t-il ces Commissions, de *petites Commissions*? Sans doute par opposition aux grandes Commissions dont il a l'honneur de faire partie. Palsambleu ! comme ce membre des grandes Commissions traite ses collègues ! Il ignore donc que la plupart des honorables praticiens qui ont consenti à accepter l'offre que je leur ai faite de mon établissement pour y suivre des études sur la rage sont, comme lui, chevaliers de la Légion d'honneur?

Mon contradicteur semble souvent être étranger à l'origine des choses dont il parle. Je crois donc utile de lui donner quelques détails sur les petites Commissions de la rue Fontaine-au-Roi, comme il les appelle :

J'avais l'honneur d'être admis, en ma qualité d'ancien vétérinaire militaire, à la réunion des officiers, au cercle de la rue Bellechasse (section des vétérinaires). Comme il n'existe pas de réunion d'hommes

---

(1) Voir le *Recueil de médecine vétérinaire* de 1876, p. 92.

s'occupant des choses de notre art sans que la rage y occupe sa place, il s'y forma une Commission destinée à en faire une étude spéciale. Cette Commission rédigea un programme comprenant les trois points suivants :

1° Moyens d'empêcher le virus rabique de s'introduire dans l'économie animale.

2° Recherche des meilleurs agents susceptibles de le détruire au moment de son inoculation ou après l'absorption.

3° Étude des antidotes proposés comme antirabiques.

Je fus on ne peut plus heureux de me trouver à même de répéter mes expériences devant cette Commission, d'autant plus qu'à ce moment, un professeur célèbre niait que j'eusse fait l'épreuve de la main gantée, et que M. Leblanc lui-même me demandait quelle était l'épaisseur du gant dont je m'étais servi pour me faire mordre par un chien enragé, qu'enfin M. Percheron, un autre de mes bons amis, me demandait si ce gant n'était pas en peau de daim.

Les petites Commissions qui, en ce qui est question d'honneur, s'y entendent aussi bien que les grandes, ont fait justice de ces imputations.

Puis elles ont invité M. Lebeau à venir faire l'épreuve de son spécifique sous leurs yeux. Ce n'est pas leur faute si celui-ci s'est refusé à le soumettre à leur étude.

Enfin, par sept expériences consécutives faite sur des chiens enragés, elles ont établi le néant des prétendues vertus curatives du Houang-Nào, ce produit de l'industrie du Ton-Kin, que l'on croyait propre à neutraliser les effets du virus.

Le résultat de leurs travaux a été publié dans le journal l'*Abeille* du 4 novembre 1875.

En en faisant la lecture, il est impossible de ne pas leur concéder qu'elles ont agi sous l'impression du respect le plus profond pour la science, et de l'amour le plus absolu de la vérité scientifique.

Je dois ajouter que mes travaux étant soumis à leur jugement, je n'en faisais pas partie.

C'est à propos de la poudre prétendue à tort moyen curatif de la rage, que les membres de ces petites Commissions eurent la louable pensée de se mettre à la disposition des sommités scientifiques pour expérimenter, sur des animaux enragés, les recettes que l'on aurait pu proposer comme remèdes de la rage. Elles n'avaient pas l'intention, comme on a bien voulu le dire, de faire descendre de leur piédestal les personnes éminentes qu'elles invitaient à se joindre à elles, nullement. Mais, ne voulant être qu'un instrument utile dans la main des autres, elles mettaient à la disposition des corps savants l'outillage, les sujets nécessaires aux expériences, choses qui pouvaient manquer à ceux-ci.

La présence de quelqu'une de nos sommités scientifiques, qu'elles invitaient à se joindre à elles dans les essais qu'elles tenteraient, n'avait d'autre objet dans l'esprit de ces modestes chercheurs que d'assurer aux corps savants la propriété des résultats scientifiques que l'on aurait pu obtenir.

Voilà ce que l'on n'a pas compris.

Les offres des petits peuvent n'être pas sans utilité : il y a morgue et prétention à ne pas le reconnaître. Le fabuliste l'a dit :

On a souvent besoin d'un plus petit que soi.

D'ailleurs, ces petites Commissions méritent mieux que le dédain de mon confrère. N'est-il pas sorti de leur sein une œuvre considérable : je veux parler de la mise en pratique de l'hippophagie, dont le principal auteur a été M. Decroix.

Quant à ce qui a trait au reproche de n'avoir eu d'autre but, en me faisant mordre la main gantée, par un chien enragé, que de faire du bruit autour de mon nom, je ferai observer que cette expérience était nécessaire. En effet, si je m'étais contenté de me faire mordre par des chiens non enragés, l'on n'aurait pas manqué de me faire observer que les dents limées d'un chien à l'état sain pouvaient être mises, par l'action de la lime, dans l'impuissance d'entamer l'épiderme, mais que le même animal, devenu enragé, puisant dans son état rabique une force nouvelle, pourrait, par une pression énergique, produire les mêmes effets après la résection des dents qu'auparavant.

Cette objection, en se présentant à mon esprit, me fit réfléchir que mon système pouvait être basé sur un principe faux : une expérience seule pouvait décider de cette question : je me fis mordre par un chien enragé; mon gant, souillé de bave, mais nullement déchiré, me donna la preuve irréfutable du néant de cette objection qui, d'ailleurs a été produite depuis.

Mais c'est trop m'étendre sur une discussion qui, si je la poursuivais plus longtemps, me mériterait inévitablement le reproche que j'adressais tout à l'heure à mon honorable contradicteur. En matière scientifique, les questions de personnalités sont tout à fait accessoires, et ce n'est pas pour combattre des imputations peu bienveillantes pour moi que j'ai pris la plume aujourd'hui. J'ai proposé un moyen de se préserver de la rage. On attaque mon système : ce sont ces attaques qu'il s'agit pour moi de réfuter au moyen des nouveaux éléments que j'ai pu réunir depuis l'impression de mon Traité.

J'ai fait observer précédemment que, dans l'ordre naturel, une pointe était l'agent constant de l'inoculation des virus.

En effet, ne voyons-nous pas, parmi les parasites, la punaise munie d'une trompe raide et aigüe, au moyen de laquelle elle produit une piqûre par laquelle s'introduit la salive de l'insecte dont l'action irritante cause la phlegmasie que l'on observe quelquefois?

Dans l'ordre des ophidiens, certains serpents sont munis de dents crochues qui ne sont propres qu'à retenir leur proie, tandis que des dents pointues, mais tubulaires ou simplement cannelées, introduisent dans les veines de l'animal qu'ils ont saisi le liquide venimeux qui doit lui donner la mort. Si, par accident, ces dents viennent à tomber, elles repoussent.

Dans la famille des hyménoptères, ne voit-on pas l'insecte pourvu d'un aiguillon situé à l'extrémité de l'abdomen? Cette arme, chez certaines variétés, est rétractile; le porte-aiguillon entre autres a la faculté de la rentrer dans une cavité d'où il la fait sortir lorsqu'il veut en faire usage. N'est-ce pas là une pointe émoussée momentanément?

Enfin, n'est-ce pas toujours à l'aide de dents pointues que le chien perce l'épiderme et produit la piqûre sans laquelle l'inoculation du virus rabique devient impossible? L'homme lui-même ne s'est-il pas conformé à cette loi générale lorsque, voulant inoculer un virus, il s'est servi de la lancette?

En partant de ce principe, ne devais-je pas me trouver porté tout naturellement à penser que le meilleur moyen de préserver l'homme de la rage serait de supprimer cette pointe, principal agent des virus et si nécessaire à leur propagation que, comme nous venons de le voir, chez les ophidiens, la nature reproduit d'elle-même les dents pointues lorsqu'elles viennent à tomber.

On avait fait une application partielle de cette théorie en imaginant la muselière. Mais celle-ci était un sujet de contrainte souvent douloureuse pour l'animal; en outre, il était impossible de ne pas la lui retirer quelquefois. C'est ce qui a fait qu'elle est tombée en désuétude. Il fallait imaginer de conserver au chien sa liberté, tout en le mettant dans l'impossibilité d'user de la pointe de ses dents.

Le problème était posé : l'émoussement des dents en est la solution.

M. Leblanc croit réfuter la théorie dont je viens de faire l'exposé, en avançant que les herbivores, qui ont les dents plates, ont cependant pu communiquer la rage à d'autres herbivores. D'abord, ces faits n'ont été signalés que très-rarement, et ensuite ils n'ont généralement pas été constatés par les hommes de l'art : par suite, il peut s'être glissé des erreurs dans leur observation. Mais le véritable point, le seul sur lequel je veux m'étendre, c'est celui-ci : On n'a pas, jusqu'à ce jour, observé un cas de rage communiquée par les herbivores à l'homme, ou du moins, l'on n'en cite aucun.

Nous ne nous occupons actuellement que de la propagation de la rage à l'homme; par suite, l'objection que l'on me fait ici, loin d'infirmer mon système, est au contraire un argument de plus en sa faveur.

Dans le tableau des cas de rage observés sur l'homme, que j'ai donné dans mon Traité et que j'avais relevé sur le registre des hôpitaux, tous ces malheureux avaient reçu la rage d'un chien enragé, et à Paris, où l'on cite plusieurs cas de rage provenant de la morsure du chien, observés sur les herbivores, n'est-il pas significatif que l'on y constate l'absence complète de la rage communiquée à l'homme par leur morsure?

On me concède que l'émoussement des dents du chien peut rendre « la blessure moins profonde et un peu moins dangereuse d'abord, puis que les dents s'éclatent au bout de quelque temps et deviennent inégales; par suite, conclut-on, le danger des blessures devient tout aussi grand. »

Mais encore une fois, ce ne sont là que des assertions... Où sont les faits qui les justifient? Certainement, on peut supposer qu'il puisse en être ainsi, mais n'est-on pas susceptible de se tromper en faisant ces sortes de suppositions quelque fondées qu'elles puissent paraître?

C'est justement ce que l'expérience a démontré en cette occasion : je puis mettre mes contradicteurs à même de s'en convaincre. Je tiens à leur disposition des chiens dont les dents ont été émoussées par moi, il y en a de un an jusqu'à six ans. Depuis lors, leur mâchoire n'a subi aucune altération.

C'est ainsi que dans toutes les questions qui sont du domaine scientifique, les suppositions qui paraissent le mieux fondées tombent souvent devant cet argument irréfutable qu'on appelle un fait. Du reste, en admettant que par suite d'accident ou d'usure irrégulière, il puisse arriver qu'une dent limée s'éclate, comme le dit M. Leblanc, ce ne serait là qu'une exception à laquelle j'ai déjà répondu dans mon Traité, en même temps que j'ai donné le moyen d'y remédier en émettant le principe de la révision de la mâchoire des chiens.

Dans cet ordre de choses, quelle importance peut avoir l'opinion défavorable émise par Monsieur tel ou tel sur une innovation proposée par un praticien quelconque ? Le talent peut dicter à celui-ci des pages fort éloquentes, à cet autre, il peut inspirer un magnifique mouvement oratoire. Mais un simple fait, soigneusement observé dans le silence du laboratoire emporte le fond de tous ces travaux : la forme seule reste ; de quelle utilité peut-elle être pour le clinicien ?

Encore une fois, je le demande, peut-on prétendre avoir fait une réfutation sérieuse du système préventif que je préconise quand on se montre si avare de preuves tendant à établir que je me suis trompé ? Mon *Traité de la rage* n'est que le rapport fidèle d'expériences souvent répétées : chaque page, pour ainsi dire, en relate quelques-unes. Comment se fait-il que ceux qui me combattent avec tant d'ardeur se montrent si peu empressés de citer celles qu'ils ont pu faire, si elles tendent à contredire les miennes ?

Par hasard, on me cite un fait. On me pardonnera de m'y arrêter quelque peu : Un fait nettement articulé par mes contradicteurs, c'est une bonne fortune pour moi. Ils m'y ont si peu habitué...

Il s'agit d'un chien de berger observé par M. Trasbot, et dont les dents auraient été émoussées et qui, malgré cela, aurait produit des blessures. Tout le monde sait qu'on est dans l'habitude de raccourcir les canines des chiens de berger, pour les mettre dans l'impossibilité de blesser dangereusement les animaux confiés à leur garde.

Le chien de berger dont il est question ici ne se trouvait-il pas dans ce cas ? Je l'ai déjà demandé, mais l'on ne m'a donné aucune réponse. Or, c'est là l'essentiel, car s'il en était ainsi, le fait rapporté par M. Trasbot deviendrait tout naturel. J'ai établi, en effet, précédemment, la nécessité absolue de limer les seize dents de la partie antérieure de la mâchoire de chiens, dents avec lesquelles ils blessent ordinairement. Et même, poussant la précaution plus loin, j'ai prescrit de limer les molaires des animaux chez lesquels ces dents ne sont pas abritées par les joues.

Un chien dont on n'a émoussé que les canines peut très-bien communiquer la rage. Donc, si l'on n'établit pas que le sujet que l'on cite ait été soumis à l'opération de l'émoussement telle que je la décris, ce fait n'a plus aucune valeur, et c'est le cas ici.

Voici, d'ailleurs, un tableau extrait du rapport de la Commission vétérinaire de la rue Bellechasse, qui mettra le lecteur à même de juger de la rigoureuse exactitude de cet axiome :

RELEVÉ DES BLESSURES

PRODUITES PAR DES ENRAGÉS AVANT ET APRÈS L'ÉMOUSSEMENT

(EXPÉRIENCES DE LA COMMISSION)

(Extrait des procès-verbaux de la Commission.)

Expérience du 17 août 1874.

EXPÉRIENCE CONTINUÉE LE 18, AVEC LE MÊME ENRAGÉ

(La vigueur du sujet est au moins aussi grande que la veille.)

CHIENNE ENRAGÉE APPARTENANT A M. LISEUR, Rue d'Aboukir.	*Avant l'émoussement.* Havanaise n° 1. Un quart d'heure de séjour avec l'enragé. Blessures : Huit morsures pénétrantes autour de la tête et au cou. *Après l'émoussement.* Terrière n° 2. (Enragé reposé après l'opération et aussi vigoureux que dans la première expérience.) Un quart d'heure de séjour. Blessures : Néant. Métis blanc-noir n° 3. Un quart d'heure de combat ; vingt-cinq minutes de séjour. Blessures : Néant.

Expérience du 20 août 1874.

ATTAQUES AUSSI VIGOUREUSES APRÈS L'ÉMOUSSEMENT QU'AVANT L'OPÉRATION

Avant l'émoussement.

Pointer n° 4. Blanc marron à la tête.

Dix minutes de séjour.

Blessures : 7 blessures pénétrantes, dont une très-forte à la lèvre supérieure.

N° 5. Pas d'attaque. (Pour mémoire.)

Après l'émoussement.

N° 6. Atteint d'affection cutanée.

Dix minutes de séjour.

Blessures : Érosion légère sur le front, attribuée à l'enlèvement de la croûte d'un bouton.

N° 7. Pas d'attaque. (Pour mémoire.)

DANOIS DE CHASSE, ENRAGÉ FURIEUX

———

Expérience du 24 septembre 1874.

Avant l'émoussement.

Terrier gris blanc.

Douze minutes avec l'enragé.

Blessures : 1 morsure entre les yeux intéressant la peau dans toute son épaisseur.

— 2 morsures à la joue droite.
— 1 — à la paupière droite.
— 1 — sur le front.
— 1 — sur la joue gauche.
— 1 — sur la face interne de la lèvre supérieure, avec déchirure et perte de substance.

Total : 7 blessures.

Après l'émoussement.

Loulou roux, n° 9.

Un quart d'heure de séjour.

Blessures : Une ecchymose en avant de l'oreille, large comme une lentille, sans entamure, sans suintement. Sur l'avant-bras gauche, en avant de l'œil, du même côté, se trouvent des ecchymoses un peu plus étendues. Sur l'une d'elles se trouvent deux points saillants, ayant l'aspect de boutons anciens.

ENRAGÉ, CHIEN BRAQUE, MARRON BLANC

Dans toutes les expériences, le sujet enragé a été laissé en repos après l'opération, et sa vigueur a été aussi grande qu'avant.

Les attaques, quand elles ont eu lieu, ont été aussi vives et aussi répétées après l'opération qu'avant.

Au total, nous trouvons pour trois sujets mordus avant l'opération : 22 blessures pénétrantes.

Sur ceux qui ont été livrés aux enragés après l'opération, nous n'observons rien si ce n'est sur le n° 9, sur lequel nous remarquons quelques ecchymoses sans entamure ni suintement.

On le voit par ce tableau, les dents émoussées ne sauraient nullement entamer l'épiderme. Dès lors, le chien enragé se trouve dans l'impuissance de communiquer la rage.

Voici d'ailleurs encore un fait qui pourra ajouter à la force de cette démonstration.

M. Griffau, marchand de vins, n° 162, rue Saint-Maur, avait une chienne bull-terrière très-dangereuse, autant à cause de son caractère agressif que de la force peu ordinaire de ses mâchoires : je lui émoussai les dents. A la suite de cette opération, elle se jeta sur un homme, le mordit à la cuisse et lui broya la partie charnue qui fut soumise à l'action de ses dents : mais le pantalon de ce malheureux ne fut nullement traversé par celles-ci.

Si donc cet animal avait été enragé, la blessure qu'il avait faite retombait dans la catégorie des blessures ordinaires; ses dents n'ayant pu, grâce à la résection, traverser la partie du vêtement avec lequel elles se trouvaient directement en contact, et, par suite, mettre en relations la salive virulente du chien et le sang de sa victime.

On continue à m'objecter que l'émoussement des dents du chien le défigure. Je l'ai dit : cette assertion est erronée. Comment pourrait-il en être ainsi? Tout le monde n'a-t-il pas observé, en effet, que les lèvres du chien recouvrent entièrement ses arcades dentaires, qu'elles voilent ainsi complétement?

Mais en admettant même qu'il en soit ainsi, ne devrait-on pas mille fois faire le sacrifice de cet ornement à la préservation de la vie de l'homme, dès lors qu'il constitue pour celui-ci un danger?

De plus, la résection, loin d'altérer la mâchoire du chien, est utile à sa conservation. Lorsque la dent est émoussée, sa longueur se trouvant diminuée d'autant, elle est, par ce fait, exposée à moins de chocs susceptibles de l'ébranler. Par suite, elle se conserve plus longtemps. Au début, j'avais craint que l'opération de l'émoussement ne provoquât la carie des dents. L'expérience m'a démontré qu'il n'en est rien : au contraire.

Les propriétaires de chiens qui, jusqu'à ce jour, m'ont chargé de limer les dents de leurs animaux, n'ont eu qu'à se louer des résultats de cette opération.

On trouve barbare la pratique d'une opération qui n'occasionne aucune douleur à l'animal qui en est l'objet, si ce n'est quelques minutes de contrainte qui ne saurait être qualifiée de souffrance. Il est singulier d'entendre faire cette objection par des hommes qui pratiquent la castration du cheval.

Ils ont reconnu l'utilité de cette opération si douloureuse pour l'animal que l'on y soumet, ils ont l'habitude de la pratiquer et ne songent nullement à protester contre elle.

En cela, ils ont raison : mais s'ils gardent le silence sur la douleur ressentie par l'animal qui subit une opération qui n'a pas d'autre but que d'augmenter sa docilité, comment se fait-il qu'ils protestent avec tant d'énergie contre la résection des dents, qui n'est nullement douloureuse et intéresse directement la conservation de la vie de l'homme?

M. Leblanc me pose de nouveau la question : « D'où vient le premier chien enragé? » Il y voit un argument irréfutable en faveur de la spontanéité de la rage. Parce qu'une maladie ne se développe pas spontanément dans tel pays, il en conclut que ce n'est pas une raison pour qu'il n'en soit pas ainsi dans tel autre.

Je ne suivrai pas mon confrère dans ce genre d'argumentation. Ce sont là des suppositions qui, ne se basant sur aucun fait scientifique, ne peuvent rien établir. Il avance que l'on a pu constater l'introduction de la syphilis en Europe ou en France, où elle ne se propage que par la contagion, mais qu'elle se développe spontanément en Amérique. Je ne ferai pas l'injure à mon honorable critique de lui demander dans quelle partie de l'Amérique on a observé la spontanéité de cette maladie, ni les noms des docteurs qui ont constaté le premier cas de spontanéité de cette affection : pour le moment, la question de la spontanéité ou de la non-spontanéité de certaines maladies, considérée au point de vue absolu, est insoluble.

C'est tellement vrai qu'aujourd'hui, depuis qu'il est question de morve latente, il est devenu matériellement impossible de faire la preuve de sa spontanéité, à moins qu'on ne fasse naître des chevaux au milieu d'un parc, qu'on les transporte ensuite sur un espace où la terre n'ait jamais été foulée par le pied d'aucun cheval (!) et qu'on soumette ces sujets à toutes les causes reconnues par les auteurs comme déterminant ce mal : excès de travail, insuffisance de nouriture, humidité, etc., etc..... Et encore serait-il nécessaire de s'assurer par l'autopsie des pères et des mères qu'ils n'ont pu donner le germe de ce mal à leurs produits.

Quant aux expériences de Toffoli, je les ai qualifiées d'incomplètes. M. Leblanc s'étonne que j'émette cette opinion. J'avoue ne pas bien comprendre ce qu'il y a là de si étonnant. D'autant plus que je n'ai fait, en cette occasion, qu'exprimer l'opinion émise par mon honorable confrère lui-même.

Il a écrit que les expériences de Toffoli étaient à refaire : j'ai dit que ces expériences n'étaient pas probantes : il me semble que si nous ne nous sommes pas servis des mêmes mots, nous avons exprimé exactement la même idée.

En somme, M. Leblanc n'a trouvé à opposer aux conclusions de mon *Traité sur la rage,* que :

1° L'insuffisance de mes statistiques,

2° L'anecdote si peu circonstanc'ée du chien de berger de M. Trasbot.

3° Quelques rares faits de transmission de la rage d'animaux herbivores à leurs congénères, mais jamais de la transmission de la rage des herbivores à l'homme.

J'ai fait bonne justice de ces objections spécieuses et on l'a si bien senti que, pour mieux s'attaquer à un système que l'on ne pouvait réfuter, l'on a produit des critiques dans lesquelles on visait directement la personnalité de celui qui en était l'auteur.

Ce procédé est peu courtois. D'autant plus qu'en admettant que mon travail n'eût absolument aucune valeur scientifique, on me devait bien quelques égards pour la pensée qui me l'avait dicté. Rechercher les moyens de combattre la propagation d'une des maladies qui affligent l'humanité, peut être une question d'intérêt personnel, comme on l'a dit; c'est aussi, c'est en même temps une question d'intérêt général. A ce titre, il semble que mes adversaires eussent dù s'inspirer de l'exemple que je leur avais donné moi-même dans mon *Traité* et négliger ma personnalité. Ils ne l'ont pas fait. Mais les attaques qu'ils peuvent diriger contre moi ne touchent nullement à la méthode préservatrice que je préconise. D'ailleurs, ils se sont trompés de tous points sur le but que je poursuivais.

Bien loin de me faire le propagateur de la méthode de l'émoussement pour me créer par son moyen une sorte d'industrie nouvelle destinée à faire affluer l'or dans mes caisses, ainsi que mes adversaires se le sont imaginé; dès le premier jour, je me suis mis à l'entière disposition de ceux de mes confrères qui auraient désiré me voir pratiquer ma méthode. C'était là, certainement, les mettre à même de faire chez eux ce que je faisais chez moi. Si, au lieu de poursuivre, comme je le fais, un but essentiellement humanitaire, je ne m'étais inspiré, comme on a bien voulu l'écrire, que d'une idée de lucre, je me serais évidemment bien gardé de mettre le premier venu à même de pratiquer la résection. Depuis quand les possesseurs de recettes ou de produits nouveaux qu'ils veulent exploiter à leur profit commencent-ils par indiquer à tout le monde le moyen de se passer d'eux ?

Mais c'est trop m'étendre sur une allégation sans consistance.

De même, n'a-t-on pas trouvé matière à critique dans le désir si naturel que j'avais exprimé de voir les savants s'emparer de ma méthode et lui donner l'appui de la haute réputation de compétence dont ils jouissent ?

Qu'y avait-il là de si extraordinaire ? Ne va-t-il pas de soi, en effet, que puisque l'expérience avait prouvé l'utilité de ma méthode pour la préservation de la rage, le moyen de la faire connaître, de la propager rapidement, c'était de lui donner pour patrons quelques-uns de ces noms dont l'autorité en matière scientifique est aussi incontestable qu'incontestée ?

Mais encore ici, l'on s'est laissé aller à faire d'une question impersonnelle par essence une question toute personnelle. Ah ! vienne le jour où l'émousseur des dents du chien ne sera plus un vétérinaire, mais bien un dentiste pour chiens ayant son enseigne au coin de rue (ne pas confondre avec la maison qui ne sera plus rue Fontaine-au-Roi, n° 7), oh ! à ce moment, la question sera retournée complétement. Qui sait ? mes adversaires auront peut-être alors modifié leur manière de voir. On a vu de ces sortes de revirements. L'avénement du dentiste pour chiens sera le jour de triomphe de ma méthode, et quelque singulière que puisse paraître à quelques-uns l'émission d'une semblable idée, elle est de celles qui se font aisément jour dans l'esprit public. L'avenir dira si j'ai tort ; quant à moi, je puis affirmer que ma caisse ne souffrira nullement du retard qui pourra être apporté à sa réalisation.

M. Leblanc, qui voudrait si bien réduire à néant ma méthode, propose, avec plusieurs hygiénistes, un système duquel, sans l'avoir expérimenté, il attend des résultats excellents pour la préservation de la rage.

Ce système consiste à élever l'impôt sur les chiens mâles afin d'équilibrer le nombre de ces animaux appartenant aux deux sexes et leur rendre plus facile la satisfaction des désirs génésiques. Les difficultés rencontrées par le chien mâle pour satisfaire les exigences de la nature devant, d'après lui, être favorables à la propagation de la rage spontanée.

Les docteurs Bachelet et Froissard, s'inspirant du même ordre d'idées, ont conclu à l'émasculation de presque tous les chiens mâles.

Ces conceptions peuvent avoir un attrait quelconque pour certains esprits : elles ont un tort énorme, c'est de ne s'appuyer sur aucun fait. En faire l'application serait donc extrêmement hasardeux, puisque leurs auteurs ne peuvent apporter en leur faveur d'autre argument que l'opinion toute gratuite qu'ils se sont faite. Ils croient à leur utilité ; rien ne prouve qu'ils ne soient pas dans l'erreur.

C'est ainsi que MM. Froissard et Bachelet proposent de châtrer les mâles, M. Leblanc se contente de réclamer l'augmentation de l'impôt sur le chien. Les moyens sont différents ; le but est le même : il tend à soustraire le chien à la privation des désirs génésiques ; je crois que l'augmentation des femelles est un moyen préservatif de la rage, on verra plus loin pourquoi ; cependant l'expérience qui en a été faite semble contraire à cette théorie.

En effet, dans le grand-duché de Bade, on a appliqué le système d'impôt sur les mâles proposé par M. Leblanc, les résultats n'ont pas été ce que l'on en attendait. D'ailleurs, voici textuellement les détails que je tiens sur ce sujet de M. Lidtin, vétérinaire distingué du grand-duché de Bade, à qui je tiens à exprimer toute ma reconnaissance pour l'empressement bienveillant qu'il a mis à me les transmettre.

« De 1862 à 1867, c'est lui qui parle, nous avons en moyenne
« 40,936 chiens répartis en :

Mâles.............	18167
Femelles.............	22769

« La taxe, pendant cette période, était fixée à 4 florins pour les mâles
« (8 fr. 75 c.) et à 2 florins pour les femelles.

Hommes mordus pendant cette période.	77
Morts du lyssa	6
Chiens suspects ou enragés	265

« De 1870 à 1873, nous avons en moyenne 30,025 chiens répartis
« en :

<pre>
             Mâles................ 19541
             Femelles............   9943
</pre>

« La taxe est la même pour les deux sexes et fixée à 6 florins (13 fr.)
« dans les villes de 4,000 âmes et au-dessus, et de 3 florins dans les
« communes de moins de 4,000 âmes.

<pre>
     Hommes mordus pendant cette période.   56
     Morts du lyssa........................   3
     Chiens suspects ou enragés............ 133
</pre>

« Cette année (1876), la deuxième Chambre badoise propose une
« taxe de 25 francs pour les mâles et 20 francs pour les femelles, pour
« les communes au-dessus de 4,000 âmes, moitié de cette somme
« pour celles au-dessous. Et pourquoi sommes-nous revenus sur nos
« pas et avons-nous rétabli une taxe différente pour les chiens mâles et
« les femelles?

« Parce qu'on veut diminuer le nombre de morsures des chiens, et
« surtout ses pérégrinations pour chercher la femelle en rut!

« Par la grande diminution du nombre des femelles, les chiens sont
« obligés de chercher au loin ce qu'ils ne trouvent pas chez eux : ils
« quittent la maison, courent, ne mangent plus, se perdent, se mor-
« dent entre eux pour le prix de la femelle, mordent les poursuivants
« qui craignent le chien inconnu, attaquent l'homme. Eh bien ! tous
« ces chiens égarés valent, aux yeux du public, le chien enragé : les
« personnes mordues sont au désespoir.

« Nous avons augmenté la taxe, non parce que nous croyons que la
« rage se développe spontanément à la suite de la grande diminution
« du nombre des femelles. Non et non !

« Nous sommes guéris de la superstition de la génération équivoque
« des maladies contagieuses.

« Une génération spontanée est un non-sens. Logiciens, soyez hon-

« teux d'en avoir parlé ! Faites donc un chat d'autre matière que d'un
« ovule fructifié d'une chatte !

« Et quel effet toutes les législations sur la taxe ont-elles eu sur la
« propagation de la rage ? Aucun, et c'est bien naturel.

« La taxe, en elle-même, ne peut pas empêcher la rage, car empê-
« cher celle-ci ne se peut qu'en empêchant la morsure du chien. »

De ces notes de mon honoré confrère, M. Lydtin, je tire les conclusions suivantes :

1° L'augmentation de la taxe dans le grand-duché de Bade a opéré
une réduction très-sensible dans le nombre des chiens. Il suffit pour
s'en convaincre de comparer entre elles la première et la seconde
période. Elle a eu pour conséquence de ne produire que trois cas de
rage chez l'homme, quand la population canine n'a été que de 30,000
chiens, tandis qu'il s'en produisait six, quand cette dernière atteignait
le nombre de 40,000 et plus (résultat prévu dans mon *Traité complet
de la rage,* publié en 1874).

2° Il résulte de la comparaison de ces deux périodes d'observation,
que, contrairement à l'opinion soutenue par plusieurs de mes confrères
et par moi, l'égalité des deux sexes en nombres proportionnels (18,167
mâles — 22,764 femelles, première période) et même la prédominance
en faveur de ces dernières, n'a pas été favorable à la préservation de
l'homme contre l'inoculation de la rage et que, par suite, l'élévation
de la taxe, sur les mâles, proposée par plusieurs auteurs, ne saurait
être efficace dans la pratique.

Avant de terminer cette discussion, je tiens à exposer pourquoi je
suis partisan de l'augmentation du nombre des chiennes et de la diminution du nombre des mâles à un autre titre que M. Leblanc : Il veut
cette multiplicité des femelles pour procurer facilement aux mâles la
satisfaction de leurs désirs génésiques; or, aucune expérience n'a
démontré que la non-satisfaction de ces désirs puisse donner la rage.

Pour moi, au contraire, si je suis partisan de l'augmentation du nombre des chiennes, c'est qu'ainsi que je l'ai établi dans mon Traité, le caractère naturellement paisible de celle-ci la préserve de nombre de morsures de chiens enragés, au-devant desquelles la nature agressive des mâles les fait courir d'eux-mêmes.

L'abattage des chiens suspects, répétait M. Leblanc, en prenant le service de la nouvelle ordonnance sur la police sanitaire du département de la Seine, observé rigoureusement, nous préservera de la rage. Depuis dix-sept ans que je dirige une infirmerie dans laquelle on ne traite que les maladies des chiens, j'ai toujours recommandé cette mesure, ou, au moins, une longue séquestration. Quoique l'abatage soit une institution qui semble empruntée au moyen âge et expose à violer les droits de la propriété, il est évident que l'on ne saurait s'abstenir de le pratiquer quand un intérêt supérieur le commande. Mais l'on, s'abuse sur son efficacité, qui est loin d'être aussi absolue qu'on pourrait le croire. Ce système ne peut être pratiqué comme il devrait l'être pour devenir complétement efficace.

La plus grande partie des morsures de chien à chien échappant à l'observation, le chien enragé, la plupart du temps, s'éloignant du logis, au crépuscule, le matin, le soir, la nuit, qui donc constera ses méfaits ? Et d'ailleurs, n'oublions pas que M. Leblanc est spontanéiste.

Les 2 pour 100 de chiens qui, d'après lui, sont atteints de rage spontanée, échapperont à ce mode de préservation.

Mais je ne veux pas insister sur ce point qui me donnerait trop facilement raison de mon honorable adversaire. N'étant pas encore convaincu de la spontanéité de la rage, je passe rapidement sur cette considération.

Tous ces moyens, qui laissent le chien libre de disposer de la pointe de ses dents, ne sont et ne seront jamais que de demi-mesures quelque sérieusement qu'ils soient appliqués, leur application étant trop difficile. C'est pourquoi le seul système qui s'oppose véritablement à la propagation de la rage ne peut être que celui qui, à tout instant, met le chien dans l'impossibilité d'user de ces pointes sans lesquelles l'inoculation devient presque impossible. Pour obtenir ce résultat, j'ai proposé l'émoussement des dents : si l'on n'en veut pas, il faut trouver une autre méthode, mais une méthode produisant exactement les mêmes effets. Tel est le cercle dans lequel la science sera obligée de se renfermer, tant que, n'ayant pas trouvé de remède contre la rage, elle devra rechercher les moyens de s'en préserver.

Dans cet ordre d'idées, et on ne saurait en trouver un autre d'une efficacité incontestable, l'émoussement des dents du chien est encore, à l'heure qu'il est, le moyen le plus sûr, le plus pratique de se préserver de la rage.

C'est ce qui donne une valeur quelconque à la méthode que j'ai proposée. Les attaques de mes adversaires ne sauraient lui ôter son caractère.

Je n'ai pas à tirer vanité de ce résultat que j'ai obtenu après nombre d'études patientes. M'étant occupé spécialement de la question rabique, ayant longtemps concentré mon attention sur les moyens que l'homme pouvait avoir à sa disposition pour arriver à sa solution, je devais naturellement m'identifier avec un ordre de choses donné.

Lorsque j'ai livré à la publicité le résultat de mes recherches, je n'ai eu nullement pour but de faire autour de ma personnalité un bruit peu en rapport avec le calme auquel je suis habitué; pas plus que je n'ai songé au prix Montyon auquel M. Leblanc a eu l'amabilité de penser pour moi. Je savais d'ailleurs que le Panthéon avait été fait pour les grands hommes et non pour la phalange de modestes chercheurs à laquelle je m'honore d'appartenir.

En essayant de propager la méthode de l'émoussement, je n'ai fait autre chose qu'imiter tant de mes collègues en l'art vétérinaire qui voient dans la pratique de la médecine autre chose qu'une exploitation. Il serait trop long de citer ici les noms de tous ceux que je connais, pour lesquels guérir ou préserver des maladies les sujets confiés à leurs soins est tout; les honoraires une question tout à fait accessoire.

Si la médecine humaine a à enregistrer des actes mémorables de dévouement de la part de ses adeptes, la médecine vétérinaire compte aussi les siens, dont elle est justement fière. J'ai obéi au mobile qui a fait agir ces hommes illustres lorsque j'ai entrepris mes expériences sur les chiens enragés.

Certes, je n'ai pas la présomption de me comparer à ces émules de la science.

Mais, dans la modeste sphère dans laquelle j'ai agi, on peut me concéder que j'ai fait mon devoir : je crois, du moins qu'il en est ainsi.

Cette satisfaction me suffit pleinement, mon ambition n'ayant jamais été plus loin. Elle est pour moi un dédommagement plus que suffisant des quelques difficultés que certains ont cherché à soulever sur ma route.

Paris, le 15 mai 1876.

68500 PARIS. — Typographie de Vᵉ RENOU, MAULDE et COCK, rue de Rivoli, nᵒ 144.

www.ingramcontent.com/pod-product-compliance
Ingram Content Group UK Ltd.
Pitfield, Milton Keynes, MK11 3LW, UK
UKHW022127170726
13837UKWH00003B/1402